JN293923

高温障害に強いイネ

日本作物学会北陸支部 編
北陸育種談話会

養賢堂

執筆者一覧
（執筆担当順）

松村　修	（独）農業・食品産業技術総合研究機構 中央農業研究センター　北陸研究センター	
		[緒言]
永畠　秀樹	石川県立大学生物資源環境学部	
		[Ⅱ.1]
新田　洋司	茨城大学農学部	
		[Ⅱ.2]
稲葉　健五	茨城大学教育学部	
		[Ⅱ.3]
田代　亨	千葉大学園芸学部	
		[Ⅱ.4]
塚口　直史	石川県立大学生物資源環境学部	
		[Ⅱ.5]
高橋　渉	富山県農業技術センター	
		[Ⅱ.6]
井上健一・山口泰弘	福井県農業試験場	
		[Ⅱ.7]
長田　健二	（独）農業・食品産業技術総合研究機構 東北農業研究センター大仙研究拠点	
		[Ⅱ.8]
近藤　始彦	（独）農業・食品産業技術総合研究機構 作物研究所	
		[Ⅱ.9]

奥西　智哉	(独) 農業・食品産業技術総合研究機構 中央農業総合研究センター	
		[Ⅱ.10]
石崎　和彦	新潟県農業総合研究所　作物研究センター	
		[Ⅲ.1-3]
市川　岳史	新潟県農業総合研究所　作物研究センター	
東　　聡志	新潟県農業総合研究所　作物研究センター	
		[Ⅲ.4-5]
水沢　誠一	新潟県農林水産部 全農新潟県本部　米穀部	
		[Ⅲ.6]
小島洋一朗	富山県農業技術センター	
蛭谷　武志	富山県農業技術センター	
表野　元保	富山県農業技術センター	
山口　琢也	富山県農林水産部	
		[Ⅳ]
池田　　武	新潟大学農学部	
		[まとめ]

目　次

I. 緒言

1. はじめに ··· 1
2. 高温登熟被害の発生要因 ··· 1
   (1) 登熟期気温の上昇 ·· 1
   (2) 出穂期の前進と盛夏との重なり ····································· 2
   (3) 分げつ期高温による籾数過剰 ······································· 2
   (4) 少肥化傾向による登熟期の窒素栄養不足 ··························· 4
   (5) 地力低下や作土層浅耕化など土壌管理の影響 ······················ 5
   (6) 登熟期の早期落水傾向 ·· 6
   (7) 作付品種，経営規模など営農的要因 ······························ 6
   (8) 圃場の気象・用水環境の変化 ······································ 9
3. 北陸地域で実施中の技術対策 ··· 10
   (1) 移植時期の遅延 ·· 10
   (2) 適正籾数への制御・誘導 ·· 10
   (3) 疎植栽培 ·· 11
   (4) 肥効調節型肥料の利用 ·· 11
   (5) 早期落水の防止 ·· 12
   (6) 地力向上と作土層確保による根系生育促進 ······················· 12
   (7) 高温登熟性の高い品種導入（早生） ······························ 13
   (8) 作期分散や圃場地力の均一化，圃場環境・用水環境の改善 ······ 13
参考文献 ··· 13

II. 高温障害の生理・生態

1. 高温耐性品種育成における育種の現状と課題 ······························ 15
   (1) はじめに ·· 15
   (2) 北陸地域における高温耐性育種 ··································· 16
   (3) 高温耐性の遺伝と育種方法 ······································· 16
   (4) 高温耐性品種育成に向けた今後のアプローチ ···················· 20

[2]　目　次

2. 登熟期の高温が子房の転流・転送系およびアミロプラストの構造におよぼす影響 …………………………………………24
　(1) 子房における光合成産物の転流・転送経路 …………………24
　(2) 登熟期の高温が子房の転流・転送系へおよぼす影響 ………25
　(3) 登熟期の高温がアミロプラストの構造および玄米の粒厚におよぼす影響 …………………………………………26
　(4) 登熟期の高温による玄米中の白色不透明部の発生 …………28
　(5) 登熟期のフェーン現象による玄米への影響 …………………28
　(6) まとめ …………………………………………………………30
3. 高温が幼穂形成期以降の生殖生長におよぼす影響 …………………31
　(1) 不稔の発生について …………………………………………32
　(2) 登熟期の障害について ………………………………………33
4. 登熟期の高温による白未熟粒発生と粒重低下—高温の範囲と遭遇時期との関係— …………………………………………37
　(1) はじめに ………………………………………………………37
　(2) 白未熟粒の種類とその白濁部位の生成 ………………………37
　(3) 登熟期の高温による白未熟粒の発生 …………………………38
　(4) 登熟期の高温による粒重増加経過と粒重・粒径の変化 ……40
　(5) おわりに ………………………………………………………42
5. 籾への炭水化物供給から見た高温登熟性に優れるイネ ……………42
　(1) はじめに ………………………………………………………42
　(2) 乳白粒発生要因 ………………………………………………43
　(3) 高温登熟環境で登熟性のよいイネとは ………………………45
6. 高温による白未熟粒の発生と登熟期間の葉色の影響 ………………47
　(1) 近年の高温化と田植え時期繰り下げの効果 …………………47
　(2) 白未熟粒の発生要因 …………………………………………52
　(3) 栽植密度が基白粒，背白粒発生におよぼす影響 ……………54
　(4) 基白粒，背白粒の発生を軽減するための適正葉色推移 ……56
　(5) まとめ …………………………………………………………57
7. 高温登熟と根の広がり …………………………………………………59
　(1) はじめに ………………………………………………………59
　(2) 下層への根の広がりと環境 …………………………………60
　(3) コシヒカリの根重と地上部重の推移 …………………………60

(4) 根の生育パターンと品質への影響 …………………………………63
　　(5) 栽培条件と根系，収量，品質 ……………………………………65
　　(6) 最後に ……………………………………………………………73
 8. 胴割れ米の発生と高温登熟 ……………………………………………74
　　(1) はじめに …………………………………………………………74
　　(2) 胴割れの判定基準 ………………………………………………74
　　(3) なぜ米粒に亀裂が生じるか ………………………………………75
　　(4) 登熟初期の気温と胴割れとの関係 ………………………………76
　　(5) 高温登熟条件下の胴割れ発生軽減にむけた育種・栽培的対策 ……77
 9. 水稲の高温登熟障害発生要因と対策技術開発の現状 ………………80
　　(1) はじめに …………………………………………………………80
　　(2) 白未熟粒発生状況 ………………………………………………80
　　(3) 生理メカニズム …………………………………………………81
　　(4) 栽培対策 …………………………………………………………83
　　(5) 窒素施肥法の改善 ………………………………………………83
　　(6) 今後の課題 ………………………………………………………85
10. 高温登熟と食味 …………………………………………………………85
参考文献 …………………………………………………………………………90

Ⅲ．こしいぶき

1. 開発の背景と経緯 ……………………………………………………104
2. 育成経過 ………………………………………………………………105
3. 品種特性の概要 ………………………………………………………106
4. 「こしいぶき」の育成に適用した新しい選抜法 ……………………108
　　(1) 高温登熟性の検定 ………………………………………………108
　　(2) 育種初期段階での良食味選抜 …………………………………110
　　(3) 新しい選抜方法の効果 …………………………………………113
5. 高品質・極良食味米生産のための収量および収量構成要素と
　　生育指標・品質目標と収量および収量構成要素 …………………114
6. 高品質・極良食味米生産のための重点栽培技術 ……………………117
　　(1) 健苗の育成 ………………………………………………………117
　　(2) 基肥，移植時期，栽植密度 ……………………………………117
　　(3) 溝切り・中干しによる生育調節 ………………………………119

         (4) 生育診断と穂肥 ································· 119
         (5) 水管理 ··· 120
         (6) 病害虫防除 ····································· 120
         (7) 適期収穫 ······································· 121
         (8) 整粒歩合の高い1等米への乾燥・調製 ··············· 121
    7. 現地適応性と市場評価 ·································· 122
         (1) 現地適応性（現地事例） ·························· 122
         (2) 市場評価 ······································· 124
    参考文献 ·· 126
    資料 ·· 127

Ⅳ．てんたかく

    1. 背景 ·· 131
    2. 育成経過 ·· 131
    3. 品種特性の概要 ·· 133
         (1) 草型 ··· 133
         (2) 早晩生（出穂期・成熟期） ······················· 133
         (3) 収量性および玄米品質 ··························· 134
         (4) 食味および食味関連形質 ························· 134
         (5) 耐病性，障害抵抗性 ····························· 135
    4. 高温登熟および日照不足に対する耐性 ···················· 137
         (1) 高昼温における登熟性検定 ······················· 137
         (2) 高夜温における登熟性検定 ······················· 137
         (3) 低日射量下での登熟性検定 ······················· 137
    参考文献 ·· 141
まとめ ·· 142
    参考文献 ·· 143
索引 ·· 144

I．緒　　言

1．はじめに

　登熟時の高温による玄米外観品質低下が広い地域で問題となっている．品質低下は白未熟粒や胴割粒などの不完全粒が増えることによるものであり，検査等級が格下げされる．コメの産地間競争が激化する現在，この問題への早急な対応が求められている．

　登熟期の高温によって白未熟粒や胴割粒が増えることは以前から知られていた．東北地方の高温感受性が高いとされるササニシキ，登熟初期が梅雨明けの盛夏に重なる関東・東海の早場米や北陸の早生品種，登熟後半ほど気温が高くなる暖地の早期水稲などでの白未熟粒発生，フェーン現象の生じやすい日本海沿岸や関東内陸部などでの胴割粒発生，これらは各地域で問題とされていた．しかし近年の被害粒発生，とくに白未熟粒は，生じにくいとされてきたコシヒカリなどの品種や地域の主力中生品種，普通期作などでも頻発しており，地域・規模ともに過去を上回っている．おりしも「地球温暖化」が取りざたされており，地球規模の温度上昇が基盤にあるのではないかとの指摘もある．確かに，高温年を中心とした品質低下は，登熟期の高温がその直接的引き金であろうが，実は背景には単純な温度条件だけではない様々な要因が複合的に作用していると考えられる．北陸地域を例に，被害発生に関わると推定される要因を含めてその背景を概観し，当面の技術的対策の方向を考察する．

2．高温登熟被害の発生要因

（1）登熟期気温の上昇

　高温登熟条件下では，転流・登熟関連酵素の活性低下，同化産物の呼吸消耗，水分バランス障害，穎花のシンク機能の早期低下などの生理的要因により登熟の進行が妨げられると考えられている．近年，北陸地域の出穂から登

(2)　I. 緒　言

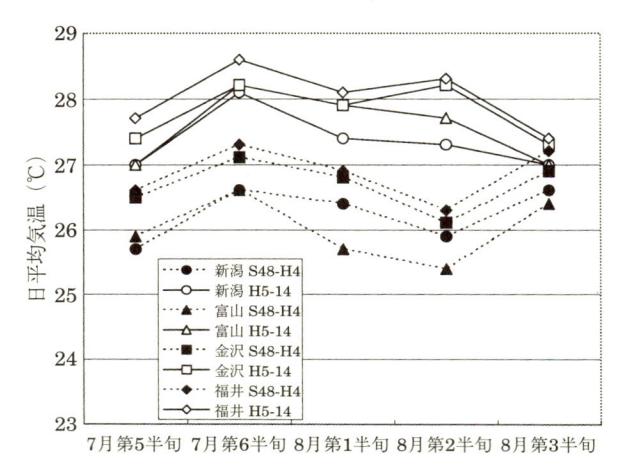

図 I.1　北陸における出穂～登熟初期の日平均気温の年代別比較
（S48-H4 の 20 年間と H5-14 の 10 年間）

熟初期に相当する7月下旬～8月中旬までの気温が上昇傾向にあり，平成5～14年の10年間と昭和48～平成4年までの20年間を比較すると，日平均気温で1～2℃程度高めとなっている（図 I.1）．白未熟粒発生率と出穂～登熟初期の気温との間に高い相関があることが多くの試験や調査で示されており，被害多発要因の一つにこの時期の気温上昇傾向が関係していると考えられる．北陸地域のコシヒカリ1等米比率と夏の気温との関係をごくおおざっぱに見ても，高温条件で等級低下が著しいことが見て取れる（図 I.2）．

（2）出穂期の前進と盛夏との重なり

北陸地域の出穂期は機械移植普及とともに速まり，新潟県でかつて「盆前出穂」と言われたが今では7月末～8月初旬である．これは，移植時期の前進によるところが大きく，2種兼業農家が多い社会的背景もあり4月末～5月上旬の連休中が田植最盛期となったからである．このため，出穂～登熟初期がちょうど梅雨明け～8月上旬の盛夏時期に重なる作期となった．

（3）分げつ期高温による籾数過剰

高温年は分げつ期間の気温も高い傾向があり，稲体の生育が進み籾数過剰

になりやすい．

　また，多雪地帯の北陸でも近年降積雪量が減っており，融雪が早まり地温上昇と土壌水分低下が進みやすくなっている．このため，土壌からの無機化窒素発現量が水稲生育の初期段階で多くなり，生育過多と籾数過多に拍車をかけている．籾数過剰と白未熟粒発生率の間に密接な相関があることは多くの研究で示されており（図 I.3），白未熟粒多発要因の一つに，暖冬と生育期前半の高温に起因する過剰生育と籾数過多が指摘できる．

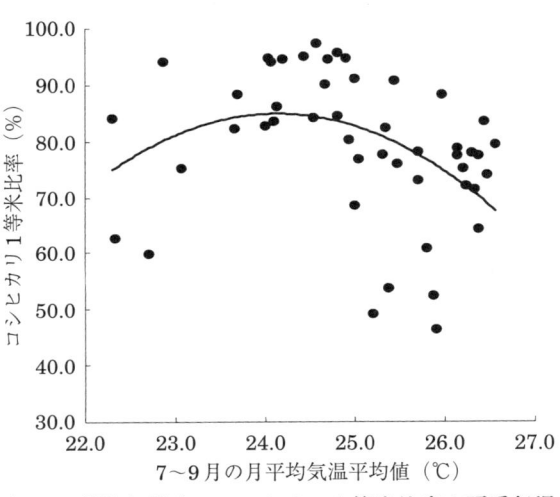

図 I.2　北陸各県産コシヒカリの1等米比率と夏季気温との関係

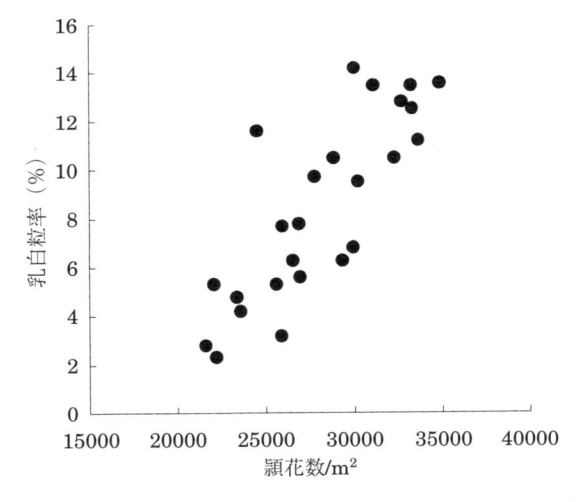

図 I.3　頴花数と乳白粒率の関係（コシヒカリ，2002年）

(4)　I．緒　言

（4）少肥化傾向による登熟期の窒素栄養不足

　登熟期に窒素栄養不足に陥ると，光合成機能が低下するとともに転流に関わる酵素の活性や新陳代謝が阻害され，登熟が緩慢になると考えられる．転流経路となる穂軸や枝梗等の組織・器官の老化も早まるだろう．白未熟粒はこのような条件下でより発生しやすい．1 頴花当たりの稲体窒素吸収量と白未熟粒発生率には高い相関があり，窒素栄養が不足すると白未熟粒が増えることを示している（図 I.4）．生産現場では，食味改善のため窒素施肥を見直して玄米タンパク含有率を抑制する取り組みを進めてきており，北陸では実肥（穂揃期追肥）が廃止され，穂肥と基肥の施用量も減らされてきた．総窒素施用量は以前に比べかなり減り，新潟のコシヒカリでは以前 10 a 当たり 8 kg 以上施用していたものが 4～5 kg かそれ以下になっており，穂揃期以降急激に葉色が落ちるなど登熟期に明らかに窒素栄養不足に陥る場合もある．そんな中で単収は横ばいか微増で推移しており，稲体に相当の生理的無理を強いているとも言える．健全な稲体生育の元となる窒素の絶対施用量が減る中で，イネの生理は危うい「綱渡り状態」にあり，高温条件にさらされた場合，

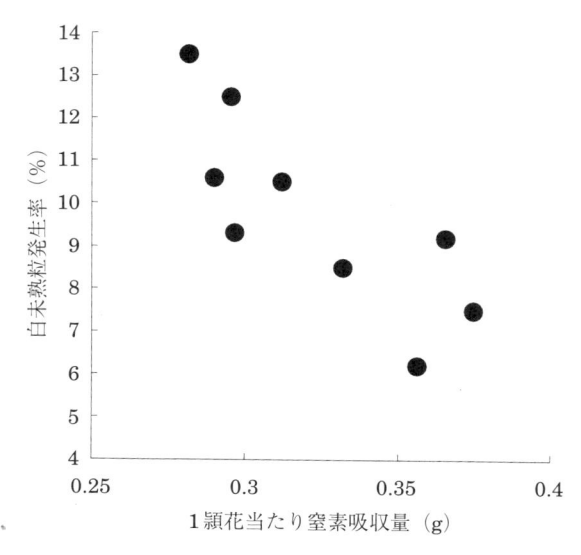

図 I.4　1 頴花当たり窒素吸収量と白未熟粒発生率

白未熟粒多発という形で現れるのではないだろうか.

（5）地力低下や作土層浅耕化など土壌管理の影響

　地力や作土層の深さ等の土壌の変化も，場合によっては不完全米多発の背景にあると疑われる．北陸地域の水田でも，有機物は作物残渣以外ほとんど施用されていないのが現状である．他方で，転作ブロックローテーション歴が長い圃場で，「ダイズあと輪換田のコシヒカリが倒れなくなった」など，地力低下を指摘する声もある．畑転作履歴が比較的長い圃場では有機物含量の低下による地力消耗が進んでいる可能性もある．筆者が以前行った長期の水田作付体系試験では，田畑輪換歴の中で畑地経歴が長くなるにつれ作土の窒素肥沃度が低下し地力が低下した（図 I.5）．全国規模の土壌定点観測では，土壌中の全窒素・全炭素・腐植含有率等で示される地力の変化について，確実にこれらの観測値が低下しているとのデータは示されていない．そのため，水田転作が水田地力を低下させつつあると拙速に結論することはできない．しかし，有機物施用の減少や転作拡大による水田全体の畑化履歴の増加から考えて，地力窒素供給源としての土壌の機能が停滞または低下している圃場もあると推察される．そのような圃場では登熟期に窒素栄養不足になり

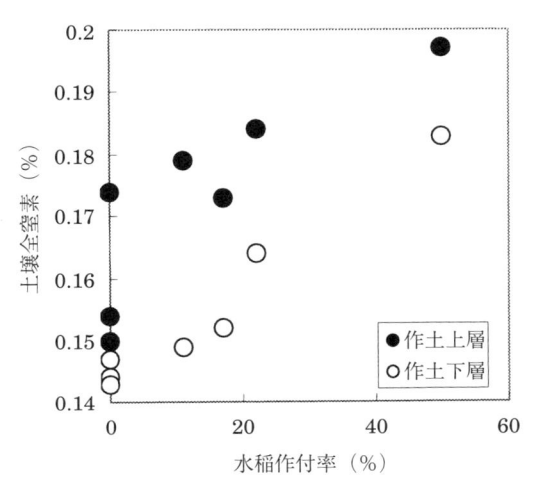

図 I.5　水稲作付履歴率と作土の全窒素含有率

やすいと推察される.

　福井県の最近の調査では，作土深が基準の15 cmよりも浅い浅耕水田が昭和49年以前は調査地の約3割程度であったが，今では6割以上に達し浅層化が進んでいることを示している．作土層の浅耕化を示す調査結果は，他県でも報告されており，乾田化と機械化による耕盤の硬化，土壌管理の粗放化などが原因とされている．作土層の減少は，水稲根圏域の縮小につながり，とくに下層土への根の広がりが阻害される．富山県で圃場内の胴割粒の発生率と有効土層深の関係を調べたところ，有効土層が浅いほど胴割粒が発生しやすいことがわかった．また，福井県の研究では深耕により白未熟粒等が減少し品質が向上することが示されている（平成17年度関東東海北陸農業試験研究成果情報・印刷中）．これらの知見は品質確保上の作土深の重要性を示している．鳥山らは，大区画圃場での水稲生育と土層別地力窒素との関係を解析する中で，出穂以降のイネの地力窒素吸収量が作土下層の供給量と相関が高いことを明らかにし，登熟期の窒素栄養における作土下層部の重要性を指摘した．作土層全体の減少は作土下層からの窒素吸収を制限すると推察され，生育後期における水稲の窒素栄養凋落の一要因となるものと推察される．

　土壌管理に関する要因解析は，実験的手法のみで短期間に把握することは難しい．現地調査などの演繹的手法も併用するべきであり，高温登熟と土壌管理の関係について今後それが必要となろう．

（6）登熟期の早期落水傾向

　倒伏しやすいコシヒカリを中心に，収穫作業を円滑にするため早期落水する傾向がある．上述した窒素栄養不足や作土浅耕化がある場合，早すぎる落水はイネの水分生理を阻害して登熟障害を助長すると考えられる．

（7）作付品種，経営規模など営農的要因

　品種の集中，営農規模拡大，圃場大区画化，あるいは栽培方法等も，場合によっては品質低下に影響をおよぼす一因になると考える．コシヒカリ等への作付集中により成熟期が短期集中し，早刈りや遅刈りなど適期外収穫せざるを得ない場合が増えている．新潟県の作付品種は9割近くがコシヒカリ

で，管理不十分や不適地での作付け等の問題が発生している．適期外収穫では未熟米や胴割米，着色米が増えるため品質低下の恐れがあり，とくに作付規模の大きな経営体で問題が大きい．これらの経営では移植時期を分散させるなどの対応を行っているが，著者らが新潟県内の大規模農家で行った実態調査では，高温年では移植時期の幅を2週間程度ずらせても作付圃場の出穂期の約6割以上が2日間に集中し，成熟期の集中は回避できず，中生品種作付圃場の約4割以上で品質が低下すると推定された（表Ⅰ.1，表Ⅰ.2）．高温年における品質低下の一要因として，大規模農家を中心とした成熟期の集中による適期外収穫の影響もあると考えられる．

表Ⅰ.1　出穂日別出穂期到達圃場数とその品種内訳（1999年）

出穂日	出穂期到達圃場数				計	出穂期到達圃場割合(%)	同左累積割合(%)
	K地区	O地区		S地区			
	コシヒカリ	コシヒカリ	キヌヒカリ	キヌヒカリ			
7月31日	3	0	0	0	3	9	9
8月1日	4	0	0	0	4	12	21
8月2日	4	2	0	6	12	36	58
8月3日	3	0	1	3	7	21	79
8月4日	1	0	0	1	2	6	85
8月5日	1	0	1	0	2	6	91
8月6日	1	0	2	0	3	9	100

注）出穂期到達圃場割合は全調査圃場に占める割合．

表Ⅰ.2　出穂日別出穂期到達圃場数とその品種内訳（2000年）

出穂日	出穂期到達圃場数				計	出穂期到達圃場割合(%)	同左累積割合(%)
	K地区	O地区		S地区			
	コシヒカリ	コシヒカリ	キヌヒカリ	キヌヒカリ			
7月28日	7	0	0	0	7	19	19
7月29日	10	1	0	3	14	38	57
7月30日	4	3	0	4	11	30	87
7月31日	0	2	2	1	5	14	100

注）出穂期到達圃場割合は全調査圃場に占める割合．

※ 表Ⅰ.1，2とも上越市内の稲作農家が作付けする水稲中生品種について，1999年33筆，2000年37筆の出穂期を調査．対象農家の中生品種作付全圃場数は155筆．

I. 緒　言

　大区画圃場では地力差等により圃場内の出穂・成熟較差を生じる場合が多く，米品質に大きく影響する．著者らは新潟県内の大区画水田で出穂期の水田圃場内較差を調査したが，6日間以上のまとまった面積の出穂部分較差がある圃場は調査中6割以上におよんだ（図Ｉ.6）．これらの出穂較差は収穫期の籾水分較差をもたらし（図Ｉ.7），不完全粒率は出穂較差が大きい圃場ほど高くなる傾向を示した．また，北陸では直播栽培が急速に普及しているが，直播栽培は移植栽培に比べ，苗立密度や個体生育量などのムラが生じ

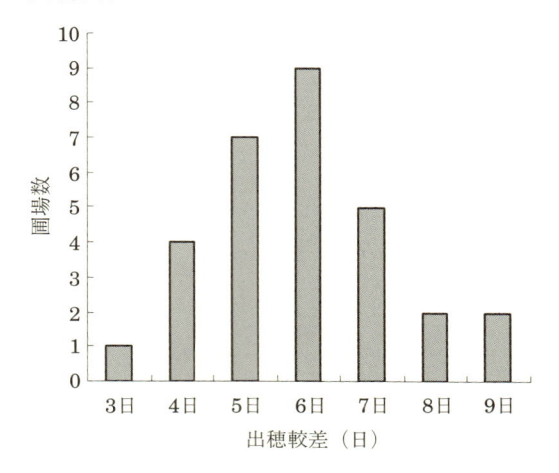

図Ｉ.6　大区画圃場における出穂較差（2000）
　　　　圃場面積の1割以上の規模での出穂較差とその最大日数をカウント．

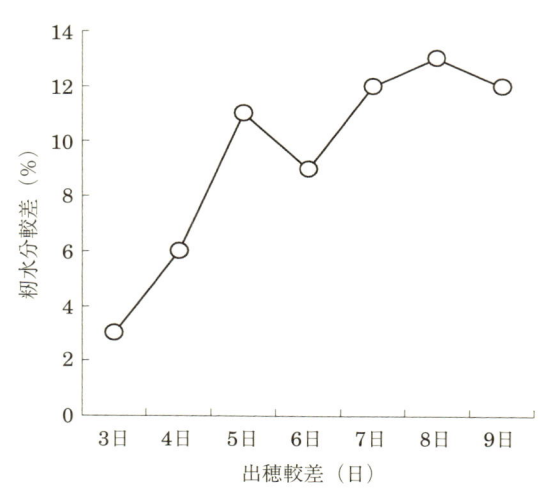

図Ｉ.7　出穂較差と収穫期の籾水分較差

やすく，圃場内出穂較差が大きい傾向がある．大区画圃場の場合と同様に，直播栽培も出穂較差の拡大を通じて品質を低下させる可能性があることを指摘しておきたい．

(8) 圃場の気象・用水環境の変化

都市化，農道・用水路などの舗装・コンクリート化，転換畑の拡大などは，圃場周囲の気温や湿度（飽差）などに影響しているのではないだろうか．水田地帯におけるヒートアイランド現象を指摘し解明する試みが始められ，たとえば大規模ブロック化した転換畑圃場を通過する際の風が温度上昇することを示唆する結果も出てきている．今後の研究により，これらの実態が明らかにされるのを待ちたい．混住化による用水の富栄養化が進んだ場合，慢性的な籾数過剰が懸念される．北陸地域の水田用水でも，基準値以上の窒素濃度となっているところがある．かんがい用水中の全窒素含有量の基準は 1 mg/l で，3 mg/l まではイネに大きな影響がないとされているが，この基準は1970年に制定され多肥多収穫時代の栽培法や品種を基礎としている．窒素施肥量が当時の半分程度に減った現在，富栄養化の影響は大きいのではないだろうか．

以上の各要因は相互に関係するが，(3)〜(6) のイネの生理・生態に関わる要因は障害を起こしやすい「イネの体質」を形成し，(7)，(8) など経営的

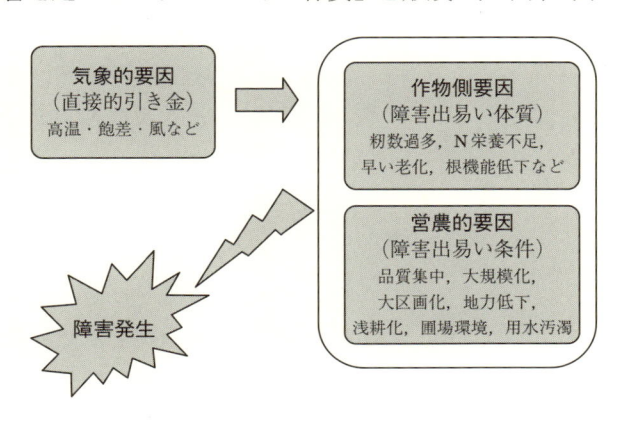

図 I.8 発生要因の相互関係

(10)　I.　緒　　言

条件や営農環境が障害を起こしやすい営農状態を形成し，(1)(2)の気象・環境条件が直接的引き金になると思われる（図I.8）．

3．北陸地域で実施中の技術対策

(1) 移植時期の遅延

　新潟県は平成14年から，富山県は平成15年から出穂を遅らせて猛暑を回避するための移植時期遅延を実施している．平成15年は低温により実証されなかったが，14年は新潟県の導入地域で品質が向上した．平成16～17年は新潟では潮風害等で判然としなかったが一定の効果が認められ，富山県でも効果があったとされた．北陸南部の福井県と石川県は，元々の出穂期がかなり早くかつ猛暑期間も長いため，出穂時期を少し遅らせても気温低下効果は小さい（図I.9）．また，北陸南部では9月の降水量が多く，出穂期を遅らせると収穫期の降水確率が高くなってしまう（図I.10）．このため，両県では移植時期遅延を対策の中心とはせず，出穂が遅れる直播栽培を位置づけるなどしている．

(2) 適正籾数への制御・誘導

　籾数過剰を回避するため，目標頴花数や穂数を決め，コシヒカリでは概ね28000粒/m^2，穂数で350～400本/m^{2}としている．茎数過多と予測された場合，溝切り・中干しの徹底実施を呼びかけている．春先からの気温・地温と土壌の乾燥状態から分げつ初中期の土壌窒素無機化量が多いと判断された場合，より早期から警戒を呼びかける．また，穂相を改善するため苗箱播種量や1株植付苗本数の適正化を指導している．低温年の平成15年でも籾数抑制した地区は白

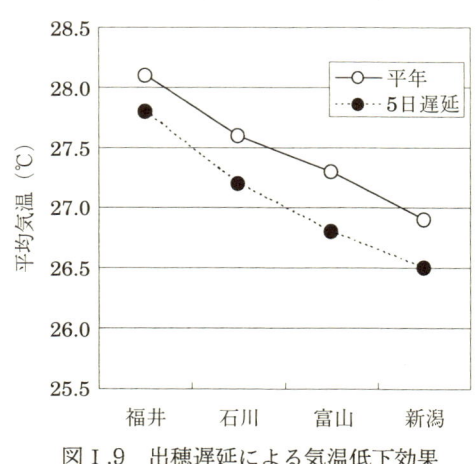

図I.9　出穂遅延による気温低下効果

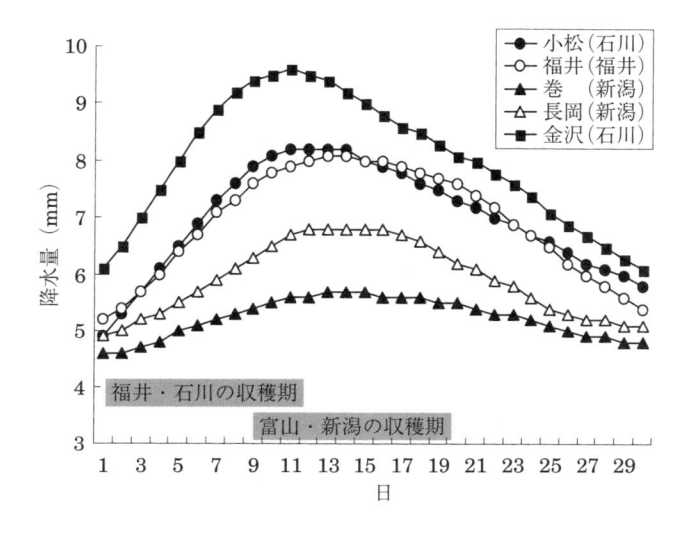

図 I.10 北陸のコシヒカリ収穫期と9月の日降水量平年値

未熟粒の発生は少なく，無駄なシンクを作らないことがソース消耗・転流阻害の大きい高温年並びにソース不足の低温寡照年ともに品質確保に有効と考えられる．

（3）疎植栽培

高温が顕著な福井・石川県では，過剰生育の防止や生育後期の窒素栄養の維持のため18株/m^{2}程度の疎植栽培を奨励している．富山県でも移植遅延を導入できない場合に適用している．低温年に平坦地で茎数不足になる地帯がある新潟県では適用地域を選ぶ必要がある．側条施肥普及率の高い福井県では，それが後期栄養凋落の一因ではないかとの考えもあり，その場合，側条施肥栽培でとくに疎植の効果が高いとしている．

（4）肥効調節型肥料の利用

生育後半の窒素栄養凋落を防止するため，石川県では，基肥一発肥料や穂肥一発肥料の施用を行っている．新潟県では，従来の北日本タイプ（前半溶出型）に代えて後半溶出型に切り替えるための検討を実施している．一方で，すでに基肥一発型施肥体系の普及した地域では，「基肥一発は省力的であ

るが，気象条件に応じての生育途中での手出しができない」ことに不満を持つ生産者が多いことも事実である．異常高温や低温・多雨などの場合の手直し技術，地域の特性に応じた一発肥料の施用方式などについて今後検討して行く必要があろう．

（5）早期落水の防止

各県とも，根の活力維持のため出穂後20日間は土壌の湿潤状態を保つ，収穫1週間前まで通水する，など早期落水の回避を呼びかけている．ただし，北陸に多く分布する重粘土地帯では，圃場が乾きにくいので困難な面も多い．

（6）地力向上と作土層確保による根系生育促進

各県とも地力対策と深耕を奨励している．登熟期間中を含めた地力窒素の有効利用のためには，土壌有機物の量を増やし地力を向上させる必要がある．地力窒素の向上，とくに作土上層と下層でのバランスや作土深確保が品質にも大きく影響するだろう．ただし未解明な部分も多く，さらに詳細な検討が必要である．なお，上記対策の（3）～（6）はいかにして登熟期の稲体窒素栄養を維持し活力を保たせるかの点で共通している．相互に連動・連携して行うべき対策である．

表 I.3 北陸地域における早生品種の整粒歩合と高温登熟性判定

品種	熟期	整粒歩合（%）		判定
		高温区 全場所 平均値	対照区 全場所 平均値	
てんたかく	極早生～早生	74.0	83.4	強
ハナエチゼン	極早生	64.0	80.3	やや強
あきたこまち	極早生～早生	57.6	73.8	中
ひとめぼれ	早生	54.6	74.1	中
新潟早生	極早生～早生	42.3	67.0	弱
コシヒカリ（参考）	中生	50.3	73.9	（やや弱）

北陸4県と北陸研究センターで実施された試験結果に基づく．
高温処理は温水掛け流し，人工気象室，温水プール，ビニルハウス等により平均気温が対照区より1.1～2.9℃高い．
熟期は北陸研究センター（新潟県上越市）での分類．

（7）高温登熟性の高い品種導入（早生）

新潟県育成の「こしいぶき」，富山県育成の「てんたかく」は高温条件下でも白未熟粒発生が少ないことを旨に育成された品種であり，普及拡大を進めている（表Ⅰ.3）．

（8）作期分散や圃場地力の均一化，圃場環境・用水環境の改善

大規模農家では作期分散を行う必要がある．品種の分散は効果が高いが，北陸地域でコシヒカリ作付比率を大幅に下げることは難しい．このため，移植期幅拡大と直播栽培の導入を軸として，栽植密度による制御や苗の種類による制御を経営面積に応じて組合せるなど栽培面での工夫が必要となる．大区画圃場では地力較差を解消，登熟に応じた部分選択収穫，直播栽培では生育較差改善などを行う必要がある．圃場気象環境や用水環境に関しては，その影響について更に今後の検証が必要であろう．

以上，高温年次における不完全粒発生の背景と技術対策を紹介したが，作物側要因，営農的要因，引き金となる気象要因のそれぞれについて解析し総合的対策を組む必要があろう．

参考文献

松村　修，2002，田畑輪換技術の開発とその問題点，日作紀 71：523-527．
伊森博志，他，2001，水田土壌の実態と汎用化を考慮に入れた土壌施肥管理対策の方向，北陸農業研究成果情報第17号，27-28，北陸農業試験研究推進会議・中央農業総合研究センター．
石川　実，他，1979，茨城県における地力の現状，茨城農試報告 20：65-72．
鍋島弘明，他，2001，ほ場内の有効土層の不均一性と胴割れ米発生との関係，北陸農業研究成果情報第17号，17-18，北陸農業試験研究推進会議・中央農業総合研究センター．
鳥山和伸，2001，フィールドから展開される土壌肥料学-新たな視点でデータを採る・見る 1．大区画水田における地力窒素ムラと水稲生育，土肥誌 72：453-458．
鳥山和伸ほか，2002，大区画基盤整備水田の地力窒素マップには下層土の情報が必要である，関東東海北陸農業研究成果情報平成13年度Ⅳ，114-115．
松村　修，他，2006，大規模稲作経営における夏期高温年の水稲出穂期の集中が米の外観品質におよぼす影響，中央農研報 7：25-37．
松村　修，他，2001，営農規模や圃場区画の大型化は出穂期の集中や拡大を通じて米品質に影響をおよぼす，日作紀 70（別2）：49-50．

I. 緒　　言

高橋　渉, 他, 2005, 気候温暖化条件における白未熟粒発生軽減のための適性栽植密度, 関東東海北陸農業 研究成果情報 平成16年度 (印刷中), 関東東海北陸農業試験研究推進会議・中央農業総合研究センター.

松村　修, 他, 2004, 移植水稲の収穫分散のための生育制御技術の確立, ファーミングシステム研究 6 : 129-135.

松村　修, 他, 2006, 高温登熟状況下で高品質を維持する稲作生産者の諸特徴, 日作紀75 (別2) : 印刷中.

II. 高温障害の生理・生態

1. 高温耐性品種育成における育種の現状と課題

(1) はじめに

イネ子実の発達過程における高温の影響は胚乳や胚が発達しない不稔の発生，成熟前に発育を停止する未熟粒の発生，胚乳細胞のデンプン充実不足によって生じる白濁粒の発生となって現れる（Tashiro and Wardlaw 1991）．不稔の発生は開花期の高温による受精障害，未熟粒および白濁粒の発生は登熟期間中の高温による登熟障害から生じる．受精障害と登熟障害が生じるメカニズムと温度域は異なり，それぞれの品種育成における育種目標は異なる．すなわち，受精障害に対する育種目標は高温下における葯の裂開能力（Matsui et al. 2005）や開花期高温回避性の観点などからの研究が必要となる．一方，登熟障害に関しては高温以外の発生要因（稲体の栄養条件や栽培環境）との関係も含めて精力的に研究されているものの，明確に高温耐性とリンクする形質や生化学的な特徴に関する知見は少なく，育種を行ううえで大きな壁となっている．

高温耐性品種の育種戦略をたてるうえで白未熟粒発生の遺伝様式，効率的な検定方法や育成系統の評価の際必要となる基準品種の選定について検討しておかなければならない．高温耐性のようなストレス耐性はストレッサーが与えられてはじめて表現型に現れ，品質の評価や選抜が可能となる．このような形質について効率よく選抜を行うためには形態的，生理的，生化学的な反応を正確に，かつ短時間で評価でき，かつ目標形質の遺伝率の高いことが望ましい．

本項では登熟障害のうち白未熟粒（乳白粒，心白粒，基白粒，背白粒，腹白粒の総称）対策を目標とした育種の基礎的な知見や，研究の取り組みの現状について紹介する．各県の具体的な取り組みの詳細は他項を参照されたい．

なお，以降の高温耐性とは高温登熟条件下における白未熟粒の発生に対す

る耐性を指し，品質とは玄米の外観品質を指すこととする．

（2）北陸地域における高温耐性育種

　米政策改革大綱に基づく新たな米政策の展開を受け，前年の需要実績によって各産地の生産目標数量に傾斜配分が設定され，これまで以上の産地間競争が予測される中，生産者の"高く売れるコメ"志向の強まりは「コシヒカリ」の作付け集中に拍車をかけている．このような背景に加え，北陸地域では，近年の高温傾向による出穂期の集中が刈取り適期幅を狭め，品質低下を助長していることが指摘されている（松村・山口 2006）．

　北陸地域の育種研究機関ではコシヒカリの作付け偏重を避けるため，「コシヒカリ」と比較しても食味や品質が劣らず，かつ「コシヒカリ」と競合しない熟期の品種を育成し，適正な品種構成に導くことが課題となっている．

　北陸地域の育種研究機関では7月下旬～8月下旬が登熟期となる早生品種の育成の際，高温耐性を育種目標の中心に位置づけ，かつ食味や収量性にも優れた品種の育成に取り組んでいる．西村ら（2000）は北陸地域で育成された品種は高温登熟条件下においても品質が低下しにくい傾向があるとしている．彼らは，比較的高い温度条件の時期に登熟を迎える系統に対して選抜が行われることから，「育種の場」として高温耐性に優れる遺伝子型を自然に選抜する環境下にあった結果であろうと推測している．

　このような背景の下，最近では，新潟県の「こしいぶき」（星ら 2004）や富山県の「てんたかく」（山口ら 2006）が選抜・育成された．「こしいぶき」については新たな高温耐性選抜法として出穂期から35℃の温水をかけ流す方法，「てんたかく」は人工気象室やビニル被覆を用いて選抜・育成されたことは特徴的である．「こしいぶき」，「てんたかく」の両品種ともに両親よりも品質変動の少ない品種であることから，高温登熟条件下でも安定した品質の品種を育成できることが示された．

（3）高温耐性の遺伝と育種方法

① 白未熟粒発生の遺伝率と遺伝様式

　登熟期の高温が白未熟粒を多発させ，その程度には品種間差のあることが知られている（長戸ら 1961，長戸・江幡 1965）．高温耐性の遺伝について，

西村ら（2000）は「コシヒカリ」およびその姉妹系統はいずれも高温耐性に優れ，それは祖先品種である「上州」や，「亀の尾4号」から遺伝的に受け継いだ形質であると推定し，田畑（2005）も親品種の背白粒発生に対する耐性の強弱が後代系統に受け継ぐことを確認した．また，堀内（2001）は出穂期がほぼ同じ時期の両親とその後代の姉妹系統間でも品質に対する登熟温度の影響は微妙に異なっていることを報告している．

しかしながら，登熟期間の高温条件による品質低下の少ない品種が存在し，その強弱は遺伝的な制御を受けていることがわかってきたものの，白未熟粒のタイプ別の遺伝様式や環境との相互関係についての知見は少ない．

伊藤ら（1965）は全国の育種研究機関で品質選抜の際に重要視されている腹白粒，心白粒，乳白粒の発生程度，玄米の光沢や透明度を"見かけの品質"とし，その遺伝様式について検討した．個体・系統間相関は初期世代（F_2〜F_4）ではいずれも低い値であったのに対し，F_4〜F_8の系統間相関は比較的高く，世代が大きくなるほど遺伝変異の幅が小さくなることから，相関係数が減少することを示した．田畑ら（2005）は基白粒，背白粒のそれぞれの形質について高温条件下における品質変動の遺伝様式を明らかにするため，基白粒，背白粒の発生が多い「チヨニシキ」と比較的発生の少ない「越路早生」の組合せ後代と両親の分散から統計遺伝学的に遺伝率を推定した．その結果，基白粒，背白粒の発生は環境の影響を受けやすく，初期世代の狭義の遺伝率は小さいことがわかった．また，正逆交雑で得られた後代には統計的な有意差がないことから，この組合せについての核外遺伝子の影響は小さいことを推察した．

このように白未熟粒のタイプ別に遺伝様式が推定されたことは高温耐性育種を行ううえで非常に有意義である．しかし，乳白粒に関しては基白粒，背白粒の発生よりも更に複雑な発生メカニズムを持つと予測され，その遺伝様式の解明を困難にしている．

その他，白未熟粒のタイプ別の遺伝様式に関しては，腹白粒（武田・斉藤 1983，橋本ら 1989）や心白粒（上島ら 1981，池上ら 2003）に関して粒重や粒形との関係も含めていくつかの報告がある．

品質のような量的形質の遺伝率は，形質の計測方法や栽培環境によって変化することが予測される．環境の影響が大きい品質の遺伝様式を推定する場合，さらに，形質の測定精度を上げることや，検定条件の均一化（環境変異を抑える）が求められる．この点，現在，様々な高温登熟検定法が検討されており，多様な検定条件の下で試験を繰り返すことで白未熟粒発生の遺伝様式や環境との相互関係への理解が深まるであろう．

② 高温耐性品種の育種方法

全国の育種研究機関で行われている育種方法は，主に系統育種法と集団育種法である．主働遺伝子が支配するような遺伝率の高い形質については系統育種法，収量や品質など量的形質の改良が育種目標となっているような場合，集団育種法が適用されることが多い．品質に関する選抜は，育種方法にかかわらず，各世代での品質の達観調査等により行われているが，検査等級上の品質劣化が指摘されてから光沢や粒揃に加え，白未熟粒のタイプ別に詳細に調べられるようになった（山本ら 1996）．現在，取り組まれている高温耐性品種育成は主に上記の二つの方法で行われているが，遺伝様式が推定されたことで選抜開始世代についての知見が得られた．

田畑ら（2005）は基白粒，背白粒の発生は環境の影響を受けやすく，初期世代の狭義の遺伝率は小さいことから，交配後の初期世代では選抜を行わず，世代を進め遺伝率を高めた後期世代で系統選抜を行う集団育種法が有効であるとしている．

系統育種法を選択した場合，伊藤ら（1965）は"見かけの品質"は初期世代での個体・系統間相関は低いものの，組合せによっては相関がある場合もあり，初期世代の選抜も無視できないとしている．ただし，初期世代の個体選抜では特に品質の悪い個体を廃棄するような緩やかな選抜にする必要性を指摘している．また，系統を養成した後の親子相関は高いので選抜強度を高め，その際，系統の評価は系統の全個体から標準的な穂を採取し，評価する等の配慮が必要であるとしている．両育種法ともに，遺伝的な固定が進んだ後期世代では，高温登熟性以外の形質が他の姉妹系統と変わらない場合，少しでも品質の良い系統を選抜し，さらに，高温登熟性検定によって品質変動

が少ない系統を選抜するのが好ましいと思われる．

　高温耐性に関する選抜は従来から行われている玄米の品質調査に加え，最近では高温耐性検定を特性検定の一つとし，その結果に基づいて行われている．最終的な系統の評価は食味や収量性等を含め，様々な栽培環境下での試験（系統適応性試験，奨励品種決定試験等）から得ることとなる．

③ 高温耐性の検定方法と基準品種の選定

　高温耐性を育種目標に設定した場合，選抜過程で基準となる品種の選定や検定方法を確立することは重要な課題である．これまで高温耐性の検定方法として，ガラス温室での検定（飯田ら 2002，福井ら 2002），簡易ビニルハウスでの検定（小牧ら 2002，永畠・黒田 2004），人工気象室での検定（表野ら 2003），高温水かんがいによる検定（重山ら 1999），温度勾配ビニルハウスでの検定（永畠・山元 2005）などが報告されている．

　しかしながら，ビニルハウス検定など実際の圃場を用いる検定方法の場合，通常年で得られる温度環境は変動の幅が狭いうえに，必ずしも検定に適した気象条件に遭遇するとは限らない．一方，人工気象室やガラス温室を用いた検定では高温の影響は実際の圃場環境よりも短期間に強く影響することや，一度の検定で設定できる温度条件が限られるため，設定温度条件以外の温度反応を解析することは困難である．このように検定方法の特性上，避けられない問題に加えて，検定費用や検定系統の多少など各検定法には一長一短があり，各試験地では装置の有無や育種規模を考慮して検定が行われている．

　品種間差の評価および検定方法の特徴について，石崎（2006）は，同一年にビニルハウス，人工気象室，温水プール，温水かけ流しの各種検定を行い，高温耐性の評価には検定法の特徴や品種の特性を考慮した評価が必要であるが，いずれの検定方法においても品種間差を評価できることを報告している．また，永畠・山元（2005），石崎（2006）は高温登熟性の検定において発生しやすい白未熟粒の種類は品種によって異なり，設定された登熟気温条件によって発生する白未熟粒の種類や発生程度が変動することを示した（図II.1）．

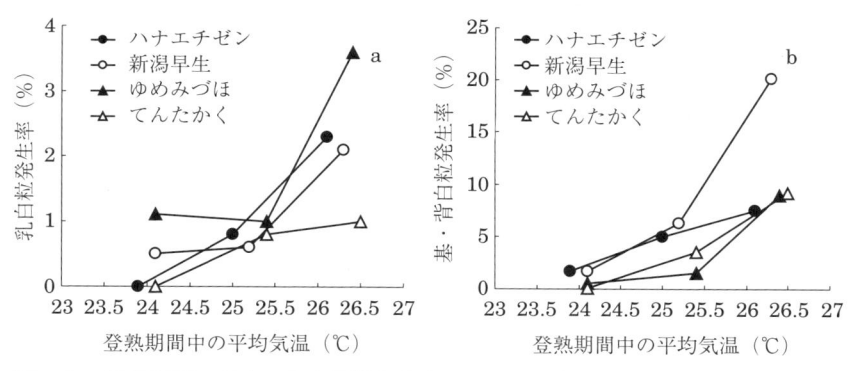

図Ⅱ.1. 登熟温度に対する白未熟粒発生率の品種別変動（永畠・山元 2005 を改変）
a：乳白粒発生率．b：基・背白粒発生率（基白粒，背白粒の合計値）．

表Ⅱ.1　北陸地域における極早生・早生熟期の高温耐性基準品種

品種	熟期	整粒歩合（%）		判定
		高温区全場所平均値	対照区全場所平均値	
てんたかく	極早生～早生	74.0	83.4	強
ハナエチゼン	極早生	64.0	80.3	やや強
あきたこまち	極早生～早生	57.6	73.8	中
ひとめぼれ	早生	54.6	74.1	中
新潟早生	極早生～早生	42.3	67.0	弱
コシヒカリ	中生	50.3	73.9	（やや弱）

北陸4県と北陸研究センターで実施された試験結果に基づく．
熟期は北陸研究センター（新潟県上越市）での分類．

　北陸地域では高温耐性の基準品種を選定するために，2002年から，北陸研究センターを中心に北陸地域の育種研究機関の間で連絡試験を行い，共通の基準品種を選定した（表Ⅱ.1）（関東東海北陸農業試験研究推進会議 2005）．この他，基準品種は全国のいくつかの育種研究機関で選定され，系統選抜の指標に用いられるとともに，異なる研究機関間の共通の指標として用いられている．

（4）高温耐性品種育成に向けた今後のアプローチ
① 遺伝資源（遺伝子資源）の評価
　現在，育成される品種は良食味であることが前提の一つとなっている．そ

のため，交配育種に用いられる系統の多くは，「コシヒカリ」と遺伝的近縁度が高まった品種・系統が活用され，遺伝的な変異の幅は明らかに小さくなっている．したがって，高温耐性に関する遺伝的背景も極めて近いことが予測される．さらに，交配育種では，世代の進んだ雑種集団においても染色体の乗換え頻度は少なく，乗換えが生じない染色体もある単純な染色体構成を有する個体が存在していることがグラフ遺伝子型から推測されている（矢野・清水 1993）．すなわち，現在の育種方法や育種素材では自殖性であるイネにおいて多様な染色体構成が望めず，収量や品質のような量的形質の改良には限界が生ずることが懸念される．

病害虫抵抗性や環境ストレス耐性の育種の成否は遺伝資源の存在によるところが大きい．耐冷性育種のなかでインドネシア熱帯高冷地の品種である「Silewah」が遺伝資源として用いられ（佐竹 1981），中間母本や品種の育成において遺伝資源の導入と評価の重要性が示された．しかしながら，野生イネや在来種の交配育種への利用は不良形質の連鎖ひきずり（linkage drag）等の問題から中間母本の育成や遺伝解析の材料育成以外に，積極的には行われてこなかった．高温耐性育種の中でもこのような遺伝資源を直接，交配育種に利用した例は今のところ著者が知る限りない．

これまで，多種多様な遺伝資源の中から有用な遺伝子を探すことは非常に多くの手間と時間を要した．そこで，Kojima *et al*. (2005) は少数の品種でイネの多様性を代表するような遺伝資源（遺伝子資源）のセット（コア・コレクション）を形態，産地，および DNA 多型解析の結果からジャポニカ品種およびインディカ品種別に選定した．仮に，コア・コレクションの中に，乾物生産特性（本間ら 2005）や転流効率に関与する維管束系（笹川・福山 2006），デンプン代謝における酵素活性（三ツ井・福山 2005）に特徴的な品種が存在し，その生化学的特徴や遺伝情報と高温耐性に関係が認められたとする．すると，このような品種の光合成機能や転流様式を調べることで，栽培生理研究や育種学研究に新たな糸口を与えることが期待できる．また，近年の DNA マーカーを利用した遺伝解析では表現型からは予測できない遺伝子が数多く見いだされている．収集された遺伝資源を表現型形質だけで評価する

のではなく，遺伝資源の潜在的能力を素材として積極的に用いることが重要であると矢野（2001）は指摘している．この作業をいかに効率的に行うかが課題となるが，変異を拡大することが今後の育種システムの中では必要であり，長期的な育種視野にたって遺伝資源（遺伝子資源）の利用を考えていく必要があるだろう．

② DNAマーカーを用いた間接選抜への試み

　イネゲノム配列の解読に代表される，めざましいイネゲノム研究の進展は，これまで困難とされてきた量的形質遺伝子座（QTL：quantitative trait locus）の遺伝解析を加速化させ，いくつかの重要な農業形質に関与する遺伝子の数や効果，染色体上の位置情報が得られるようになった（以降QTL解析）．このような情報とDNAマーカーの蓄積は育種の効率化と精度の向上に寄与することが期待されている．

　白未熟粒の発生はとくに登熟期の環境要因とイネ側の反応を制御する遺伝的な要因に大きく左右され，その形質評価の変動の大きさもあり，安定したQTLの検出が困難と予測される形質である．寺尾ら（2004）の報告でも，登熟期の環境に反応して外観品質を変化させるQTLの存在も示唆されている．

　Li et al.（2003）は「日本晴」と「kasalath」の戻し交雑後代自殖系統群を用い，白濁粒（chalky endosperm）の発生率，胚乳の白濁面積，胚乳白濁度についてQTL解析を行い，いくつかのQTLを検出したものの，安定して検出されるQTLは少なく，環境の影響を強く受けることを示唆した．一方，Wan et al.（2006）は「あそみのり」と「IR 24」の染色体断片置換系統を中国国内8カ所の異なる環境で栽培し，精米外観品質のQTL解析を行った結果，第8と第9染色体短腕側に8環境を通じて安定して検出される白濁粒の発生率に関与するQTLを検出し，DNAマーカー選抜の可能性を示した．

　白未熟粒のタイプ別の解析では，Tan et al.（2000）は，中国の広範囲で作付けされているハイブリッド品種「Shanyou 63」の品質の改良を目指して親品種である「Zhenshan 97」と「Minghui 63」の組換え近交系統群を用いた品質に関するQTL解析を行い，第5染色体に「Zhenshan 97」の対立遺伝子が腹白粒発生の増加に関して高い寄与率を持ち，一方で心白粒発生の減少に関

与する QTL を検出した．しかしながら，この QTL は粒幅も大きくなる方向に働くため，QTL の多面発現の関与を指摘している．また，もう一つの心白粒の発生に関与する QTL は第 6 染色体上の *Wx* 座にあったと報告している．Li *et al.*(2003) も指摘しているが，白未熟粒の発生と粒形やアミロース含量との関係が強く示唆される．

蛯谷ら (2005, 2006) は「コシヒカリ」と「Kasalath」の染色体断片置換系統 (Ebitani *et al.* 2005) を用い，品質に関する QTL 解析を行っている．その結果，第 2 染色体短腕側と第 12 染色体短腕側に「Kasalath」型が基白粒を減少させる QTL を検出した．また，「Kasalath」の対立遺伝子が基白粒および背白粒の発生を増加させる QTL を第 5 染色体上の 2 カ所にマッピングした．田畑ら (2005) は「チヨニシキ」と「越路早生」の組換え近交系統群を用いて人工的な高温条件下での基白粒発生の QTL 解析を行い，「越路早生」の対立遺伝子が基白粒減少に高い寄与率を持つ QTL を第 1 染色体上に検出している．同様に白澤ら (2006) は「こころまち」と「東北 168 号」の組換え近交系統群を用いて，鮑ら (2004)，葉ら (2006) は「ハナエチゼン」と「新潟早生」の F_2, F_3 を解析材料に用い，ともに第 6 染色体短腕側に背白粒発生の減少に高い寄与率を持つ QTL を検出している．

将来的に，QTL 解析をベースにした DNA マーカー選抜は高温耐性育種技術の一手法として取り入れられることが期待されている．しかし，現在のところ高温耐性に関与する QTL の遺伝効果を再現性良く捉えた研究例は少なく，さらなる研究が強く望まれる．

高温耐性のような複雑な生理要因の上に成り立っている形質について，環境条件に左右されず安定して発現する領域の推定や遺伝子型×環境交互作用の解明にむけ，QTL 解析に新たなアプローチも試みられている．Nakagawa *et al.*(2005) は量的形質の表現型を直接 QTL 解析するのではなく，温度や日長などの環境の影響を組み込んだシミュレーションモデルのパラメータを QTL 解析する手法を検討した．発育予測モデルから開花日数を予測し，これまで明らかとなっている開花期関連 QTL の機能 (Yano *et al.* 2001) を精度良く説明した．現在，著者らは白未熟粒の発生に関与する温度反応等のパ

ラメータを組み込んだ白未熟粒の発生シミュレーションモデルの開発に着手している（永畠ら 2006）．モデル情報と，QTL 解析を組合せる方法によって，玄米品質に関与する遺伝学的な解釈が進展することを期待している．

2．登熟期の高温が子房の転流・転送系およびアミロプラストの構造におよぼす影響

近年，登熟期の高温によって白色不透明部（腹白米，乳白米，心白米，背白米など．いわゆる乳白粒）を有する米の多発や，粒厚が薄い玄米の比率の増加が指摘されている．著者らの研究室では，このような玄米品質の低下の要因について，形態学的手法を用いて研究を行っている．これまでのところこれらの現象は，子房の転流・転送系の形態異常と，アミロプラストの蓄積構造の異常によってその一因が説明できることがわかっている．ここでは，著者らがこれまでに得た形態学的知見を中心に概説する．

（1）子房における光合成産物の転流・転送経路

登熟期において，光合成産物は，穂首節間から穂軸，小穂軸を経て子房基部に達し，そこで4本の維管束ルートに分かれて果皮内を上に向かう（図 II.2）．このときの主経路は背部維管束である．その後，光合成産物は，① 背部維管束から珠心突起を経て胚乳を取り囲む珠心表皮に入り，胚乳の全周囲から糊粉層を経て胚乳に入るルートと，② 背部維管束から珠心突起，糊粉層を経て直接胚乳に入るルートとで移動する（星川 1975，川原 1979）．量的には，登熟初期には ① が多く，登熟中期

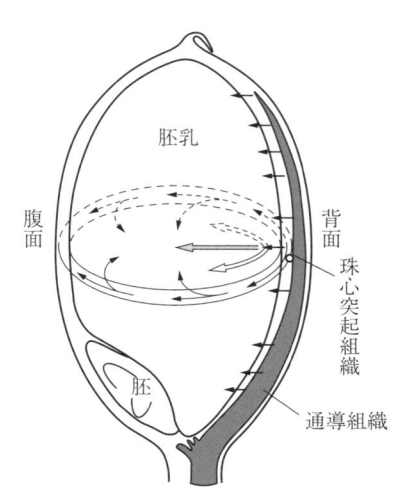

図 II.2　子房における光合成産物の転流・転送経路（星川 1975）登熟初期には → が多く，登熟中期以降は ⇒ が多い．

2. 子房の転流・転送系およびアミロプラストの構造におよぼす影響

以降は珠心表皮細胞が退化するために②が多いとされている（星川 1975，後藤ら 2000）．一方，イネの子房には，細胞壁内部突起を有し溶質を効率的に転送する転送細胞のような組織は存在しないため（川原 1979，松田 2002），珠心突起，珠心表皮，糊粉層の三つの組織が光合成産物の転送機能を果たしていると考えられる（川原 1979）．しかし，転送機能の詳細は未解明の部分が多い．

図 II.3 デンプン貯蔵細胞内のアミロプラスト（走査電子顕微鏡写真）
1個のアミロプラスト内には長径 3～5 μm のデンプン粒が数個～数 10 個程度含まれる．
Bar: 10 μm. 原図: 岩澤紀生氏.

デンプンの貯蔵は，胚乳内のデンプン貯蔵組織で行われる．胚乳中心近くの細胞で先行して始まり，プラスチドが形成される．その後の数日間，プラスチドは大型化し，分裂・増殖を重ねて，1細胞中で 200～数 100 個形成される（図 II.3）．プラスチドは，中に多数のデンプンが形成されてアミロプラストとなる．イネでは1個のアミロプラスト内に複数のデンプン粒が形成されるため，デンプンの蓄積形態は複粒と呼ばれる．アミロプラストの表面は2重膜構造で，最終的な長径は通常 10～15 μm である．1個のアミロプラスト内に長径 3～5 μm のデンプン粒が数個～数 10 個程度含まれる．

（2）登熟期の高温が子房の転流・転送系へおよぼす影響

登熟初期の高温が胚乳の組織形成におよぼす影響について，岩澤ら（2003）は，高温ストレスを受けやすい品種アルボリオ J-1 を供試した実験で検討した．その結果，登熟のごく初期（開花後 3 日目）に，珠心突起細胞では発達が遅れて転送機能が抑制され，大型の液胞が認められることを，また，胚乳を構成する細胞は大きさと形態が不均一で，胚乳の中心点は認められな

Ⅱ．高温障害の生理・生態

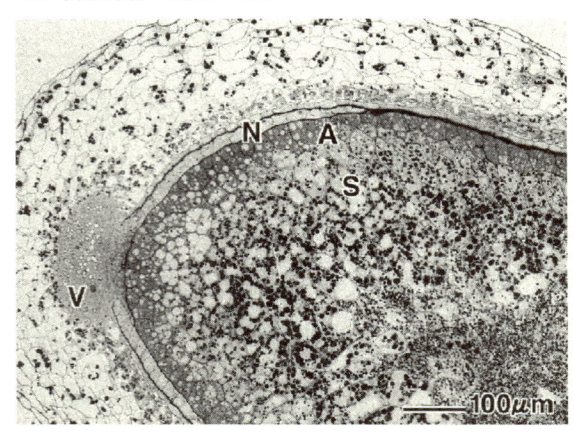

図Ⅱ.4 高温登熟下（開花後6日目）の子房横断面の光学顕微鏡写真
側部の珠心表皮細胞が退化している．A：糊粉層細胞，N：珠心表皮細胞，S：デンプン貯蔵細胞，V：背部維管束．Bar：100μm．原

いことを明らかにした．これらの結果は，珠心突起は高温によって発達が遅れ光合成産物の転送量が低下すること，また，胚乳の組織形成とデンプン蓄積が遅延することを示している．

Zakariaら（2002）は，水稲13品種（日本型，インド型，日印交雑，ジャワ型を含む）を供試して出穂後4日目以降に高温処理を行い，子房中のアミロプラストおよび転流・転送系の形態を品種間比較をしながら観察した．その結果，珠心表皮細胞が高温下では早期（早ければ開花後1週間目ごろ）に退化することを明らかにした（図Ⅱ.4）．

以上のように，高温によって，登熟のごく初期には珠心突起の発達が遅れ，登熟がすすむと珠心表皮が早期に退化することが明らかとなった．これらのことは，光合成産物の胚乳内への転送量が低下することを示している．

（3）登熟期の高温がアミロプラストの構造および玄米の粒厚におよぼす影響

岩澤ら（2002）は，高温下で登熟した出穂後14日目のアルボリオJ-1を供試し，増殖様式が異常なアミロプラストが高頻度で認められることを（図Ⅱ．

2. 子房の転流・転送系およびアミロプラストの構造におよぼす影響

図 II.5 高温登熟下の胚乳内のデンプン貯蔵細胞（走査電子顕微鏡写真）
増殖様式が異常なアミロプラストが高頻度で認められる．A：アミロプラスト．Bar：10 μm．原図：岩澤紀生氏．

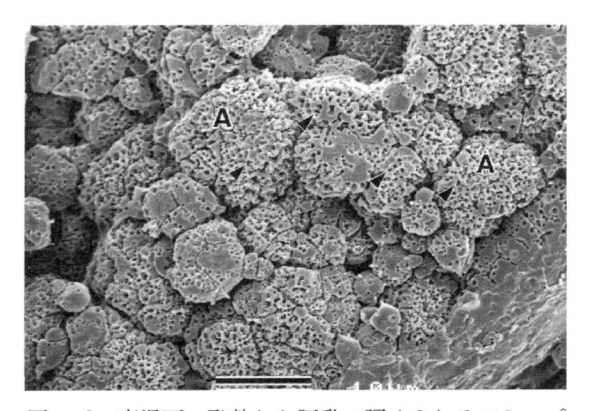

図 II.6 高温下で登熟した胚乳で認められるアミロプラスト表面の穴（走査電子顕微鏡写真）
A：アミロプラスト，穴．Bar：10 μm．原図：岩澤紀生氏．

5)，また子房の腹部および側部では貯蔵物質の蓄積が非常に少ない細胞群が認められることなどを明らかにした．これらのことは，玄米の粒厚低下の一因が，胚乳細胞の分裂・増殖異常や，貯蔵物質の蓄積量が少ない細胞が，成熟に伴う乾燥で収縮することを示している．

高温下で登熟した玄米において，比重の小さい玄米では単粒のアミロプラスト（1個のアミロプラスト内に1個のデンプン粒を含む）が多く，アミロプラスト間に多くの隙間が存在すること，そしてこれには品種間差が認められることが報告されている（Zakariaら2002）．

また，胚乳中央部までアミロプラストの表面に多数の穴が認められることが（図Ⅱ.6），そしてこのような穴の形成状態は，発芽時に認められる分解初期のデンプン粒の穴と同様と考えられることも報告されている（サバルデインら1999）．

（4）登熟期の高温による玄米中の白色不透明部の発生

近年，登熟期の高温によって白色不透明部を有する不完全登熟米が多発し，品質が低下することが指摘されている．星川（1975）は，白色不透明部が白く見える原因について，デンプン粒が小さくまばらであるため，原形質が脱水過程で崩壊して形成された微小な空気スペースが乱反射するためであると報告した．しかし，近年の研究の結果，白色不透明部ではアミロプラストの大きさや形が不均一であり，カプセル状のもの（図Ⅱ.7a）や突起を有するもの（図Ⅱ.7b）などが多数認められることが判明した（荻野ら2000，服部ら2003a，2003b，2004）．また，収縮して表面に凹みを有するアミロプラストや（図Ⅱ.7c），デンプン粒に収縮を生じたアミロプラスト（図Ⅱ.7d），また，アミロプラスト間に大きな空隙が存在する場合（図Ⅱ.7e）などが示された．これらの結果は，白色不透明部が白く見える原因が，アミロプラストの形態異常などによってデンプン貯蔵細胞内に空隙が形成されることであることを示している．なお，これらのアミロプラストの形態異常は，高温によるデンプン蓄積密度の低下が一因であると考えられている（服部ら2004）．

（5）登熟期のフェーン現象による玄米への影響

山肌に当たった風が山を越え，高温・低湿の風となって山を下り，その地域の気温が上昇するフェーン現象も，登熟期に発生すると，収穫後の籾摺歩合の低下，屑米の多発ばかりではなく，玄米の品質や形態に異常をおよぼす（飯塚ら2000）．松田ら（2001）および癸生川ら（2001）は，出穂後2〜3週間目にフェーン現象に遭遇した群馬県東部地域産米（2000年）を対象に，胚

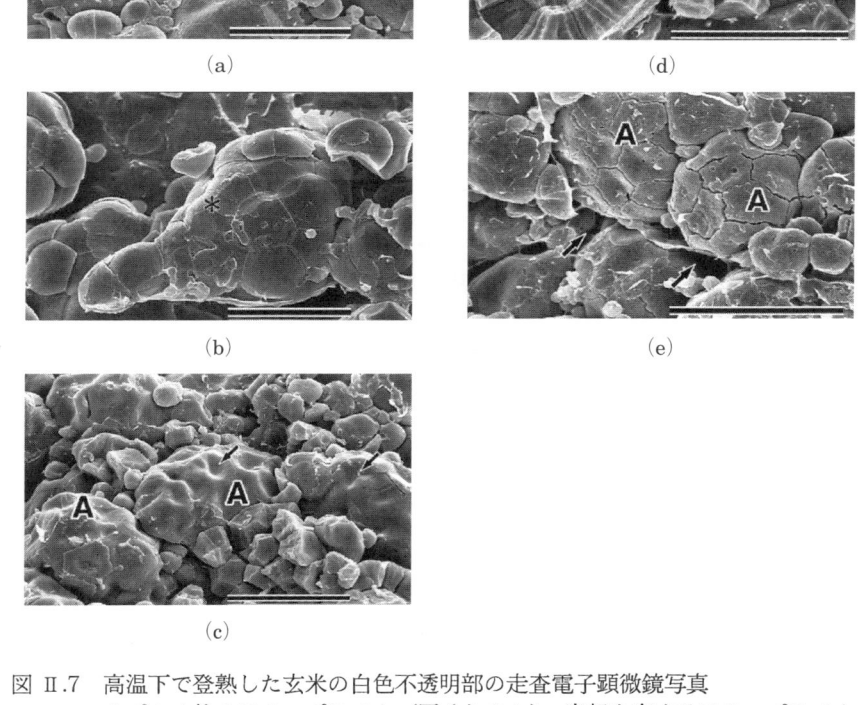

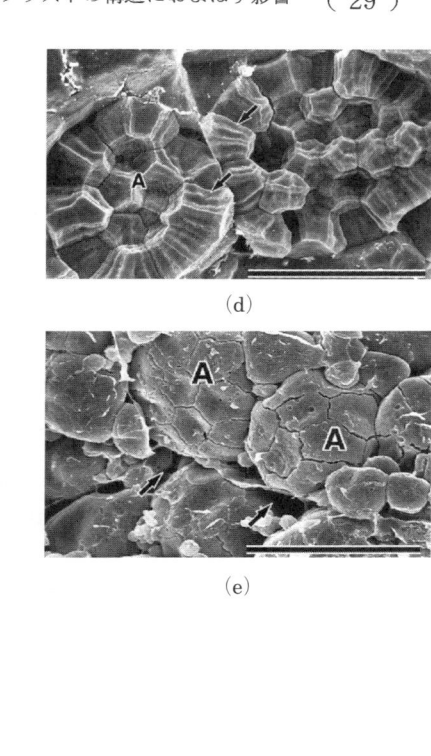

2. 子房の転流・転送系およびアミロプラストの構造におよぼす影響

(a)

(b)

(c)

(d)

(e)

図 II.7 高温下で登熟した玄米の白色不透明部の走査電子顕微鏡写真
カプセル状のアミロプラスト（図 (a) の *），突起を有するアミロプラスト（図 (b) の *），表面に凹みを有するアミロプラスト（図 (c) の ↑），デンプン粒が収縮したアミロプラスト（図 (d) の ↑），アミロプラスト間の大きな空隙（図 (e) の ↑）が認められる．A：アミロプラスト．Bar：10 μm．原図：服部優子氏．

乳におけるアミロプラストの構造を検討した．その結果，フェーン現象によって多発した乳白米，心白米，腹白米などでは，上記4．で述べたような，表面に凹みを有するアミロプラストやデンプン粒に収縮を生じたアミロプラストが認められたほか，アミロプラスト間に大きな空隙が存在することが判明

した．また，フェーン現象の発生時期が粒厚の急速増加期に当たっていたため，米粒の側部の組織発達やデンプン蓄積が強く抑制されたことが明らかになった．

（6）まとめ

登熟期の高温によって認められる白色不透明部を有するコメの発生や外観品質の低下，玄米の粒厚の低下などの原因は，上述のような，子房の転流・転送系におよぼす影響やアミロプラストの構造異常によって説明することができる．また，これらに加えて，高温による酵素系への異常も原因と考えられる（梅本 2001）．一方，登熟期の高温によって収量が低下するのは，玄米の粒厚の低下や，デンプンの蓄積密度の低下が一因と考えられる．

なお，登熟期の低温も，高温の場合と同じようなアミロプラストの形態異常を生じることがわかっている．2003年度の冷害水稲の玄米を調査した結果によれば，外観品質に問題はなく粒厚が薄いのみで屑米になった玄米（半完全米）が多発し，それには，小型のアミロプラストや，しわや突起を有するアミロプラスト，またアミロプラスト間に大きな空隙が認められている（篠木ら 2005）．これらは，アミロプラストにおけるデンプン蓄積密度の低下と，珠心突起の早期退化による光合成産物供給量の低下が一因であることが示唆されている．

近年，白色不透明部を有するコメや粒厚が薄い玄米の発生を抑制するために，全国のいくつかの県で，移植時期をあとにずらすことや中干し，登熟期の間断灌漑の徹底などが呼びかけられ実施されている．そして，実際，これらのコメの発生比率が低くなったデータも示されている．しかしながら，上に述べてきたように，これらのコメの直接的な発生原因が子房の転流・転送系の形態異常と，アミロプラストの蓄積構造の異常などであるため，中干しや間断灌漑が決定的な解決策であるとは考えられない．

では，どうすればよいのか．たいへんむずかしいところであるが，品種の選定や改良，種々の栽培管理方法の組合せなど，いくつかの視点から検討をすすめていきたい．

3．高温が幼穂形成期以降の生殖生長におよぼす影響

　高温が水稲の生殖生長に著しい影響を与えることは，昔から良く知られており，登熟期の高気温（以下，高温）で不稔籾の増加，玄米千粒重の減少，外観的品質の低下などの登熟障害を起こすことが報告されてきた（山本1954，松島・真中1957，長戸・江幡1960・1965，Sato and Takahashi 1971，Osadaら1973，Yoshida and Hara 1977，Satake and Yoshida 1978，西山・佐竹1981）．

　近年，地球の温暖化が進行し，食糧生産活動にも影響が懸念される事態となり，水稲の登熟に対する高温の影響の再検討や対処法の検討に関する研究（Tashiro and Wardlaw 1991，森田2000，森田ら2002，Matsuiら2001，飯田ら2002，諸隅・安田2004，小葉田ら2004）も盛んになりつつある．

　温暖化は，日本各地においても明確になりつつある．水稲の登熟に直接関係する夏季3カ月における，全国の気象観測所（132カ所）の過去40年間の月平均気温の推移を調べると（気象庁電子閲覧室：http://www.data.kisyou.go.jp/），被害米の増加が目立つ出穂後20日間の平均気温が27〜28℃（寺島ら2001）以上に相当する月の平均気温が27.5℃を超えるような高温月の出現回数は，図Ⅱ.8に示すようにこの40年間で確実に増加し，29℃を超える高温月も目立って増えつつある．更に1週間連続程度であれば，日平均気温が32℃を超えるようなきわめて高い高温日の出現も確認されており，水稲の高温障害の発生も現実のものとなりつつ

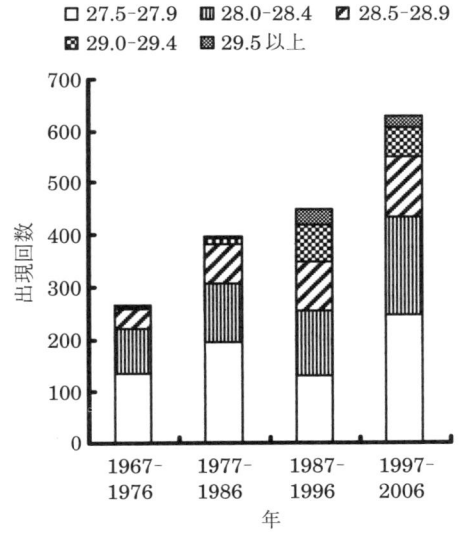

図Ⅱ.8　過去40年間の高温月出現回数の推移

ある.

以下, 幼穂形成期以降, 過去に出現した1週間連続の平均気温の最高値 (32.5℃) にほぼ匹敵する高温処理を行い, それが水稲の登熟にどの様に影響したか説明する.

(1) 不稔の発生について

幼穂形成期以降の生育時期別に1週間ずつの高温 (昼-夜温; 35-30℃) に遭わせた場合, 開花期を中心に20%以上の不稔籾が発生した (表 II.2).

高温に遭わせた水稲の雄蕊の状態を調査すると, 常温で成熟させた場合に比べ, 1葯当たりの花粉数が開花盛期の処理で減少し, その直径が明らかに小さくなった. また, 開花直前の花粉の状態をその大きさとデンプンの蓄積程度でタイプ分け (佐藤ら 1973 参照) すると, 処理をしなかった場合 (調査地点の8月下旬10日間の平均気温 24.1℃) は, ほとんど全ての花粉が完全に成熟していたのに対し, 高温処理をすると充実不良の花粉が増加し, とくに開花盛期の処理では, デンプンの全く含まれない花粉や余り含まれていない小型の花粉の割合が, 全花粉の2/3に達した (表 II.3).

表 II.2 幼穂形成期以降の時期別高温処理と不稔発生の関係 (佐藤ら 1973)

	戸外	8/4〜11	8/11〜18	8/18〜25	8/25〜9/1	9/1〜9/8	9/8〜15
不稔歩合	2.6	4.5	6.0	21.3	25.5	4.4	3.2

調査した穂の開花期: 8/24〜29 (開花盛期: 8/26)

表 II.3 時期別の高温処理と花粉数・大きさ・成熟度の関係 (佐藤ら 1973)

	戸外	8/4〜11	8/11〜18	8/18〜25	8/25〜9/1
1葯当たりの花粉数	1385 b	1430 ab	1461 ab	1505 a	1219 c
平均花粉直径 (μ)	43.9 a	41.7 ab	39.2 bc	39.7 b	37.7 c
花粉の型 (%)					
型1	0.8	2.5	2.0	9.5	20.5
型2	0.0	0.0	0.0	40.0	47.0
型3	4.0	15.5	30.0	25.0	25.0
型4	95.2	82.0	68.0	25.5	7.5

型1: 小型で澱粉を含まない, 型2: 小型で澱粉をほとんど含まない, 型3: 正常な花粉に較べて少し小型で澱粉も少ない, 型4: 正常な花粉. a〜c: 5%レベルで有意差を示す.

3. 高温が幼穂形成期以降の生殖生長におよぼす影響

葯の開裂不良も不稔発生の原因となるが，開花盛期の高温処理により開薬が不完全なものを含めて60%が開薬不良となった（表Ⅱ.4）．ま

表 Ⅱ.4 高温と開薬の関係（稲葉1972）

	高温区	戸外区
開裂不完全薬*	60%	4.5%

*：開裂不能薬＋花粉の大部分が残留した薬

た，高温と戸外で生育させた花粉と雌蕊をお互いに人工受粉させた場合，高温下で成熟させた花粉を受粉させると，花粉以外が常温で生育させた場合も結果率が下がり，逆に花粉以外を高温で生育させても，常温で成熟させた花粉を受粉させると，結果率が上ることなど，不稔発生の原因が雄蕊にあることが確認された．

高温耐性の低い品種は開薬能力が低く，柱頭につく花粉数も少ないことが確認されており（Satake and yoshida 1978, Matsuiら2001），高温下での不稔の多発は，花粉の成熟や開薬が不良になるため，柱頭上に付く正常な花粉の数が激減し，受粉・受精が不良になることが，主因と考えられる．

（2）登熟期の障害について

常温条件（戸外栽培の平均気温：8月23.6℃，9月20.4℃）に比べて，登熟期に時期別に1週間の高温処理をした場合の玄米千粒重（図Ⅱ.9上図）は，何時の時期に高温を処理した場合も減少し，とくに開花盛期後2週間頃処理した場合に著しく軽くなり，その減少程度は15%に達した．登熟の全期間を高温で育てた

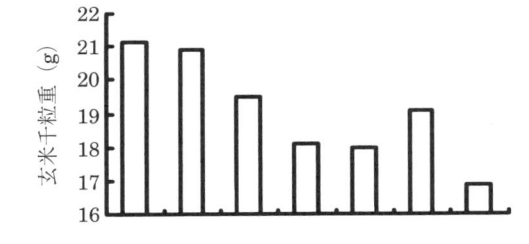

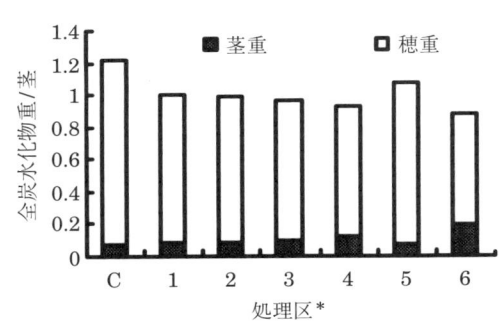

図 Ⅱ.9 時期別高温処理と玄米千粒重・全炭水化物重の関係

*：C；戸外，1；8/7〜14，2；8/10〜17，3；8/13〜20，4；8/16〜23，5；8/19〜26，6；全期間高温処理

場合に比べて，玄米千粒重の回復割合は40％程度に過ぎず，この時期の高温の影響がとくに大きかったことを示している．同化産物の転流スピードは，日平均気温が30℃を越えるような条件下で最高となると報告されている（楊ら2005）．開花後2週間の時期は，茎に蓄積されていた同化養分が穂に移行し終わった時期にも当たり，穂への転流スピードに見合う炭水化物を十分に確保できなくなったため，影響が大きかった考えることもできる．

一方，収穫時に一茎当たり存在した移動可能な炭水化物を見ると（図Ⅱ.9下図），何時の時期に高温に遭遇した場合でもその総量が減少した．しかし，高温区，とくに開花盛期後2週間程度に処理した場合，茎葉に炭水化物が多く残留したため，穂の炭水化物量は最も少なくなった．

転流可能な炭水化物が最終的に茎葉に残った理由は，穂への炭水化物の供給が一定期間不足したためか，穂が高温の直接の影響を受けたためか，あるいはその両方が引き金となって，穂の炭水化物受け入れ能力が低下し，その後生産された炭水化物が，茎葉に残留したと考えることができる．これらの事を更に詳しく調べるため，以下の検討を行った．

登熟期の高温による千粒重の減少は，図Ⅱ.10に示すように低温条件に比べ，登熟期間が短縮され玄米の充実が不良になるためである．では，登熟不良の原因が，同化産物の生産器官である茎葉の同化機能減退によるものか，同化産物を受け入れる器官である穂の機能が減退するためかを明らかにする一つの方法として，穂と茎葉を異なる温度環境下において登熟させてみた（図Ⅱ.11）．

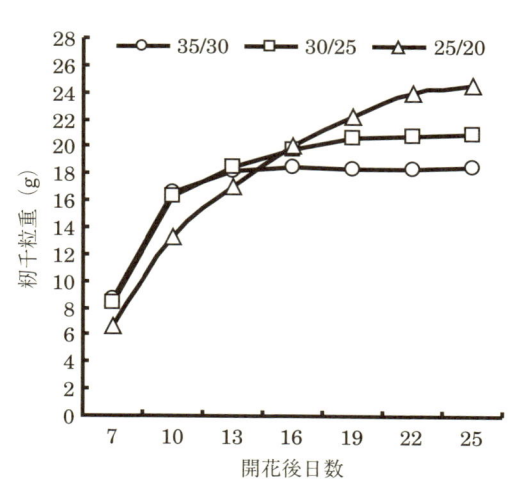

図Ⅱ.10　気温と籾千粒重の推移との関係

両品種とも穂の周りを

3. 高温が幼穂形成期以降の生殖生長におよぼす影響

35℃（夜温30℃）として，茎葉を5℃低くした場合，穂も茎葉とも35℃に置かれた場合と同様に玄米千粒重が著しく減少した．反対に穂の周りだけ5℃低くした場合，穂も茎葉の周りの温度も30℃（夜温25℃）で登熟させた玄米千粒重にIR-8ではほぼ同じ，農林17号でもかなり近づいた．穂と茎葉の温度差を10℃とした試験でも，ほぼ同じ傾向を示した．更に，収穫したときの移動可能な炭水化物が穂と茎葉

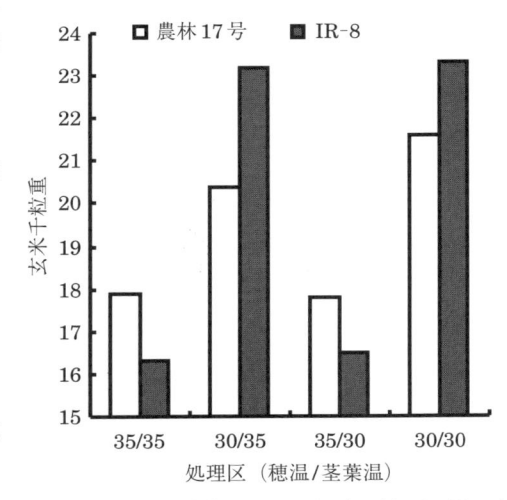

図Ⅱ.11 穂と茎葉を別々の温度環境下に置いた場合の玄米千粒重

にどの様に分布していたかを見ると，穂だけ高温に置かれた場合，茎葉に残された量は穂も茎葉も高温に置かれた場合と同様，あるいはそれ以上に多くなった（佐藤・稲葉1973）．最近，夜温に焦点を当てた同様な試験（森田ら2004）が行われ，とくに高夜温の影響として，ほぼ同じ結論が示された．

また，枝梗の半切・剪葉・光合成を低下させる処理などを行い，一籾当たりの炭水化物供給量を変えて登熟させても，高温条件下の玄米千粒重は大きく変化しなかった（佐藤・稲葉1976）．つまり，高温による登熟不良は，主に穂の同化産物蓄積機能が早期に低下し，その後生産された同化物が穂に移行できないためと考えられる．

一方，炭水化物の不足が主因とする報告も多く，圃場での試験報告もなされている（植向・小葉田2000，小葉田ら2004）．

最近，Zakariaら（2002）は胚乳内の構造的な破壊や同化養分を胚乳に運ぶ通路と考えられる珠心表皮が早期に破壊される事を観察している．著者らも玄米の機能に関わるいくつかの酵素の活性の変化を調査し（稲葉・佐藤1976），高温により呼吸に関わる酵素の活性，炭水化物の代謝に関係する酵

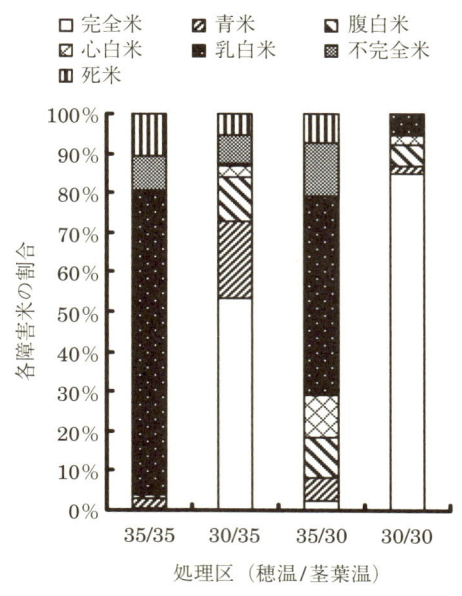

□ 完全米　▨ 青米　▨ 腹白米
▨ 心白米　■ 乳白米　▨ 不完全米
Ⅲ 死米

図 Ⅱ.12　玄米の外観的品質におよぼす穂と茎葉を別々の温度処理した場合の影響（品種：農林17号）

素活性の早期の低下を観察した．最近，トウモロコシや小麦で高温によるデンプン合成能力の低下（Hawker and Jenner 1993, Keeling 1994）が報告され，イネにおいても同様の指摘がなされている（松村2001，岩澤ら2002）．

以上から，高温による登熟障害といっても高温のレベルによって玄米千粒重低下の原因に多少の違いがあり，平均気温が30℃（本試験の高温区の平均気温32.7℃）を超えるような高温下においては，高温の直接の影響で炭水化物受け入れ能力が早期に減退する可能性が高いものと考えられる．

　高温によって品質の低下が起こることは，昔から現在まで多くの研究がなされている（長戸ら1960・1965，Sato and Takahasi 1971，寺島ら2001，小葉田ら2004）．玄米の外観的品質は，穂だけ高温にされると，穂も茎葉も高温に置かれた場合と同じように，完全米がほとんどなくなり，乳白米，そして心白米，背白米などの割合が多くなった（図Ⅱ.12）．穂の周りの温度を5℃下げると，完全米と青米を合せると75%となり品質が著しく向上し，穂も茎葉も30℃の場合の品質に近づいた．玄米重への影響に比べて外観的な品質への影響は現れやすいとの報告が多いが，基本的に玄米の千粒重と同様に品質も穂の周りの温度に大きく左右される．

4. 登熟期の高温による白未熟粒発生と粒重低下
― 高温の範囲と遭遇時期との関係 ―

（1） はじめに

近年，登熟期の高温により玄米の外観品質と粒重の低下が広範な地域で頻発し，コメの生産流通場面で大きな問題となっている．とくに白未熟粒（玄米に白濁部位を持つ未熟粒の総称）や胴割粒の多発による検査等級の格下げは，コメの産地間競争が激化する現在，米の産地では回避せねばならない緊急な問題になっている．

登熟期の高温による白未熟粒や胴割粒の発生と粒重の低下は以前から報告されていた（長戸・江幡1960，長戸ら1960）．登熟初期が高温に当る関東・東海の早場米，登熟後期が高温に当たる暖地の早期栽培などでの白未熟粒や登熟期に乾風害が起こりやすい日本海沿海地域などでの胴割粒の発生は従来から指摘されていた（松村2006）．しかし，近年の被害は東北南部から南九州までの広範囲の地域におよび，また白未熟粒が比較的発生しにくい品種とされていたコシヒカリ（長戸ら1961）でも頻発し，改めて問題視されるようになった．地球規模での温暖化にともなって高温障害が温帯・熱帯地域におよぶことが懸念されている今日，登熟期の高温による稔実障害の解明は緊急かつ重要な課題である．

ここでは，登熟期の高温による粒重増加経過とそれに連動する粒重・粒径および稔実との関係について，高温の範囲と遭遇時期との視点から取りまとめた．

（2） 白未熟粒の種類とその白濁部位の生成

白未熟粒は，乳白粒，心白粒，腹白粒，背白粒および基部未熟粒などに区分される．白未熟粒は玄米中の白濁部位によって区分されるため，各種類はデンプン粒の蓄積が不良になった部位の違いを現している（全国食糧検査協会2002）．

白未熟粒の白濁部位は，胚乳細胞内に蓄積したデンプン粒間に微小な空隙

が存在するために乱反射が起きて白濁して見えると考えられている（田代・江幡1975）．白濁部位は，デンプン粒の形成異常により胚乳細胞内への蓄積不良が生じて生成され（Tashiro and Wardlaw 1991 b, Zakaria et al. 2002），脱水・収縮過程で発現してくる（田代・江幡1976）．

長戸（1953）は，品種近畿25号を用いて登熟期の各時期に4日間の暗黒処理を行い，心白粒・乳白粒・腹白粒の発生におよぼす影響を検討し，心白粒は出穂後10日頃，乳白粒は14～15日頃，腹白粒は21日頃の処理により多発することを明らかにした．玄米の登熟に伴うデンプン粒の蓄積は，中心部から始まり周辺部へと向かって進み，背部より腹部が早く始まり，基部が最も遅いとされている（星川1968）．このようなデンプン粒の蓄積順序から，白未熟粒の各種類は登熟期間中にデンプン粒の蓄積が不良に陥った時期を反映しているとされている（長戸1953，長戸・江幡1965）．

（3）登熟期の高温による白未熟粒の発生

登熟期の高温により発生が増加する種類は乳白粒，背白粒および基部未熟粒である（長戸・江幡1965，長戸ら1966，Nagato and Chaudhry 1969）．これらの他に白未熟粒に区分されないが，死米の発生も高温により増加する（長戸・江幡1960）．

Tashiro and Wardlaw（1991 b）は，品種カルロースを用いて登熟期の高温の範囲や遭遇時期により発生する白未熟粒の種類とその割合が異なることを明らかにした．登熟温度（昼間/夜間）を24/19℃（21.7℃：平均気温を示す．以下同様），27/22℃（23.7℃），30/25℃（26.7℃），33/28℃（29.7℃），36/31℃（32.7℃），39/34℃（35.7℃）の6水準を設け，出穂後7日目から成熟期まで栽培し，強勢粒の稔実を調査した（表Ⅱ.5）．登熟温度が24/19℃では稔実障害を生じないが，27/22℃では心白粒がわずかに発生した（7.3％）．30/25℃では乳白粒と背白粒とが発生し始め，背白粒は33/28℃で34.8％，乳白粒は36/31℃で86.3％と，それぞれ多発した．死米は36/31℃で発生し始め，39/34℃で73.7％と多発した．36/31℃と39/34℃では完全米は全く見られなかった．また，出穂日から4日間隔で出穂後36日目までの各時期から，36/31℃（32.7℃：平均気温を示す）の高温下で8日間栽培し，

4. 白未熟粒発生と粒重低下—高温の範囲と遭遇時期との関係—

その後 27/22℃ (23.7℃) で栽培して，強勢粒の稔実を調査した (表 II.6)．死米と乳白粒は出穂日 (開花後 2 日目) で発生し始め，死米は出穂後 4 日目で40.1 %，乳白粒は 12 日目で 78.1 % と，それぞれ多発した．背白粒は出穂後 12 日目で発生し始め，16 日目で 50.8 % と多発した．出穂後 20 日目以降の完全米の発生割合は対照区 (86.6 %) とほぼ同じ値を示した．

表 II.5 登熟期の温度が障害米の発生におよぼす影響

昼温/夜温 (℃)	日平均温度 (℃)	発育停止粒 (%)	死米 (%)	乳白米 (%)	背白米 (%)	心白米 (%)	完全米 (%)
24/19	21.7	0	0	0	0	0	100
27/22	23.7	0	0	0	0	7.3	92.7
30/25	26.7	0	0	2.4	11.9	0	85.7
33/28	29.7	0	0	4.4	34.8	0	60.8
36/31	32.7	0	13.7	86.3	0	0	0
39/34	35.7	18.4	73.7	7.9	0	0	0

注：
品種カルロースを用いた．
出穂後 7 日目から成熟期まで処理した．
中央部一次枝梗の 4，5 粒目を調査した．

表 II.6 登熟期の高温処理時期が障害米の発生におよぼす影響

処理開始時期 (出穂後日数)	不稔 (%)	単為結果粒 (%)	発育停止粒 (%)	死米 (%)	乳白米 (%)	背白米 (%)	完全米 (%)
出穂期	48.0	15.8	0	7.3	28.9 (13.4)	0	0
4	2.6	0.7	5.5	40.1	51.1 (26.5)	0	0
8	9.4	2.8	1.9	19.2	65.5 (4.8)	0	1.2
12	5.4	4.5	0	0	78.1 (57.9)	9.1	2.9
16	6.1	2.3	0	1.0	13.9 (13.9)	50.8	25.9
20	5.7	3.6	0	0	0.7 (0)	6.5	83.5
24	3.1	0.0	0	0	17.3 (0)	0.9	78.7
28	2.7	0.7	0	0	7.9 (0)	0	88.7
32	1.4	1.4	0	0	7.6 (0)	0	89.6
36	3.0	3.7	0	0	8.3 (0)	0	85.0
対照区	2.3	3.0	0	0	8.1 (0)	0	86.6

注：
品種カルロースを用いた．
36/31℃ (昼温/夜温) で 8 日間処理した．
中央部一次枝梗の 4，5 粒目を調査した．
( ) の数字は背側部に白色不透明部を持つ乳白米の割合を示す．

(4) 登熟期の高温による粒重増加経過と粒重・粒径の変化

登熟期の高温により粒重増加期間が短縮して粒重は低下し（長戸・江幡1960, 長戸・江幡1961），また米粒の背腹径比が減少して形状は変化する（長戸・江幡1965）．

Tashiro and Wardlaw は，登熟期の高温の範囲や遭遇時期により粒重の低下程度や玄米の形状が異なることを示した．前述した登熟温度を6水準設け，品種カルロースの強勢粒の粒重増加経過と粒重・粒径を調査した．粒重は24/19℃から33/28℃の範囲でほとんど変化しないが27/22℃で最も重く（19.98 mg/粒）なった．33/28℃以降は温度が上昇するとともに粒重は大きく減少した．粒重増加速度は24/19℃から温度が上がるにともない増加し，30/25℃で最大値（1.51 mg/粒/日）を示し，それ以降では減少した．粒重増加期間は24/19℃から温度の上昇にともない短くなったが，27/22℃以降の温度範囲ではほとんど変化しなかった（表Ⅱ.7）（Tashiro and Wardlaw 1989）．玄米の長さは，27/22℃〜33/28℃の範囲で比較的安定していたが，33/28℃以降では温度が上昇するとともに大きく減少した．玄米の幅と厚さは24/19℃〜30/25℃の範囲でわずかに減少したが，30/25℃以上の温度範囲では昇温とともに大きく減少した．粒径への高温の影響は長さ，幅，厚さの順で大きくなった．登熟期の高温により玄米は，粒重が減少し，形状が細長く・扁平になり，この傾向はより高い温度範囲で一層強まった（表Ⅱ.8）（Tashiro and Wardlaw 1991 b）．

また，Tashiro and Wardlaw は前述した出穂後の各時期に高温下で栽培し，強勢粒の粒重と粒径を調査した（表Ⅱ.9）．登熟期の各時期への高温遭遇による粒重の

表Ⅱ.7 登熟期の温度が穎果の成長におよぼす影響

温度 (℃)	粒重 (mg/粒)	乾物増加速度 (mg/日/粒)	乾物増加期間 (日)
24/19	19.17	0.98	19.58
27/22	19.98	1.28	15.60
30/25	19.27	1.51	12.77
33/28	17.31	1.40	12.33
36/31	15.46	1.31	11.85
39/34	11.34	0.86	13.16
変動係数	19.1	20.5	20.7

注：
品種カルロースを用いた．
出穂後7日目から成熟期まで処理した．
上部一次枝梗の4, 5, 6粒目を調査した．

4. 白未熟粒発生と粒重低下―高温の範囲と遭遇時期との関係― （41）

低下は出穂後12日目が最も大きく（18.30 mg/粒），12日目以前では早い時期ほど小さかった．また20日目以降の高温遭遇では，粒重はほぼ対照区（22.12 mg/粒）と同じ値を示した（Tashiro and Wardlaw 1991 a）．玄米の長さと幅は高温遭遇で減少し，この傾向は長さでは出穂日に，幅では出穂後

表 II.8 登熟期の温度が粒径におよぼす影響

昼温/夜温 (℃)	長さ (L) (mm)	幅 (W) (mm)	厚さ (T) (mm)	L/W	W/T
24/19	5.26	2.74	1.89	1.92	1.45
27/22	5.41	2.75	1.91	1.97	1.44
30/25	5.39	2.72	1.87	1.98	1.46
33/28	5.34	2.64	1.81	2.02	1.46
36/31	5.21	2.53	1.72	2.06	1.47
39/34	5.05	2.43	1.53	2.08	1.50
変動係数 (%)	2.5	4.9	8.1	2.9	1.4

注：
品種カルロースを用いた．
出穂後7日目から成熟期まで処理した．
中央部一次枝梗の4, 5粒目を調査した．

表 II.9 登熟期の高温処理時期が粒重および粒径におよぼす影響

処理開始時期 （出穂後日数）	粒重 (mg/粒)	長さ (L) (mm)	幅 (W) (mm)	厚さ (T) (mm)	L/W	W/T
出穂期	20.54	5.25	2.71	2.09	1.94	1.30
4	19.61	5.31	2.60	1.99	2.05	1.31
8	18.97	5.33	2.61	1.95	2.04	1.34
12	18.30	5.35	2.73	1.79	1.96	1.52
16	19.26	5.37	2.75	1.81	1.95	1.52
20	21.95	5.41	2.84	1.98	1.91	1.44
24	22.36	5.39	2.83	1.99	1.91	1.43
28	22.55	5.43	2.85	1.97	1.90	1.45
32	22.31	5.41	2.83	1.98	1.91	1.43
36	22.09	5.40	2.80	1.98	1.93	1.42
対照区	22.12	5.42	2.82	1.95	1.93	1.44
変動係数 (%)	7.68	1.051	3.29	4.22	2.63	5.25

注：
品種カルロースを用いた．
36/31℃（昼温/夜温）で8日間処理した．
中央部一次枝梗の4, 5粒目を調査した．

4日目にそれぞれ最も大きくなった．長さと幅の両径とも20日目以降の高温遭遇ではほとんど変化しなかった．玄米の厚さも高温遭遇より減少したが，この傾向は出穂後16日目で最大を示し，20日目以降ではきわめて小さかった．しかしながら，長径は出穂日の高温遭遇ではむしろ大きく増加した（Tashiro and Wardlaw 1991 b）．

（5）おわりに

登熟期の高温により発生する白未熟粒の種類とその程度は品種により差異があり（長戸ら1961，長戸・江幡1965，飯田ら2002），穂上の着粒位置により変動し（Nagato and Chaudhry 1969），また高夜温が影響することが知られている（長戸・江幡1960，森田ら2002）．上述した登熟期の高温の範囲・遭遇時期と白未熟粒発生・粒重低下との関係を示した内容は品種カルロースの強勢粒の結果であり，一般化するには更に結果の蓄積が必要であると思われる．

5．籾への炭水化物供給から見た高温登熟性に優れるイネ

（1）はじめに

近年，登熟期の高温による白未熟粒発生の増加が大きな問題となっている．高温障害とは本来発芽，光合成阻害あるいは不稔・不受精など多くの生育過程での障害をさすが，本章では高温障害として，登熟期の高温による充実不良や白未熟粒の増加，その中でもとくに乳白粒についてとり上げる．またこの場合の高温とは，出穂後15〜20日間の平均気温が26〜28℃を超えると白未熟米の発生率が高まる（森田2005；山口ら2003）ことから，平均気温が28〜30℃前後の温度帯をさす．

乳白粒を初めとする基白粒や背白粒などの白未熟粒は胚乳内のある特定部位のデンプン粒の発達が不十分となり，デンプン粒の間に空隙が生じ，そのため光が乱反射して白濁して見えることに起因すると考えられる（Tashiro and Wardlaw 1991）．白未熟粒の各タイプは登熟期間中のそれぞれ特定の時期にデンプン蓄積が不良となったために発生することが推察され（長戸・江幡1965），乳白粒では概ね出穂後20日間の高温で起こりやすい．本節では

特に栽培生理の観点から，高温登熟環境下においても外観品質が損なわれず良登熟性を示すイネの持つべき条件を考えたい．

（2）乳白粒発生要因

乳白粒は胚乳内部のデンプン粒の形成不良現象であることから，デンプン合成に関わる酵素群の活性が高温下において低下することが疑われる．しかしながら，高温下では登熟初中期の粒重増加速度が高まることが観察され（佐藤・稲葉 1976 ; Yoshida and Hara 1977 ; Morita et al. 2005），蓄積物質の大部分がデンプンであることから必ずしもデンプン合成速度は低下しているようには見えない．実際，高温下では穎果へのデンプン蓄積は登熟初中期に高まる傾向が認められ，この傾向は弱勢とされる2次枝梗着生穎果において顕著であった（飯田・塚口 2005）．このように，生産現場で乳白粒の発生が著しくなる温度レベルにおいて，少なくとも乳白粒発生に感受性とされる登熟初中期には，胚乳あるいは穎果全体におけるデンプン合成速度そのものはむしろ上昇しているように見える．しかしながら，一方で高温環境下ではデンプン代謝に関わる酵素の活性に変化が生じることが観察されており（三ツ井・福山 2005），高温によりデンプン合成機能が低下する可能性も否定できない．また胚乳組織全体ではデンプン合成速度は上がっていても，とくに胚乳内で局所的にデンプン合成機能が低下する可能性もある．デンプン合成関連酵素機能の高温に対する反応とその乳白粒発生に対する関連については今後研究の進展が待たれる．

従来より，高温によって穎果内の登熟に関与する酵素群の活性のピーク時期およびその減退の時期が早まることが指摘されており（稲葉・佐藤 1976），高温下では登熟期間が短縮されることが知られている．この登熟期間の短縮は，期間中の炭水化物の供給量を増加させることで補えるのであろうか．籾の切除により穎果あたりの炭水化物供給量を増やしてやることにより，登熟気温が29℃であったイネと登熟気温が21℃のイネとの間で登熟程度は変わらなかった（松島・和田 1959）．同様に出穂期の株間引きにより登熟期間の個体あたりの受光量を増やした結果，高温環境下にあっても乳白粒発生率や籾の充実度の低下は小さく抑えられた（小葉田ら 2004 ; Kobata et al.

2004). したがって，高温下では登熟期間が短縮されるが，その期間中に炭水化物の供給が充分あれば登熟に支障はないようである．

高温により炭水化物の供給量そのものが低下するとも指摘されている．30℃を超えると温度の上昇に対して，光合成速度の増加は直線的である一方で，呼吸速度は指数関数的に増加するので見かけの光合成速度は低下する（Vong and Murata 1977）．ただ光合成速度は日射量に支配されるため，高温であっても多照条件下ではむしろ炭水化物の供給能は高まる．北陸地域などでは，高温年は一般に多照であることが多く，ある程度の高温までは炭水化物の供給が追いつき乳白米の発生率が高まらないこともある．日射量の増大による光合成速度の増加が，登熟期間の短縮による一日当たりの炭水化物の要求量増加を補えないときに乳白粒が発生することになると考えられる．

以上のことから高温による乳白粒発生率の上昇のメカニズムとしては，結局，従来言われているように以下のような筋道に帰着するようである．高温で穎果の生長が促進される条件では，とくに登熟初中期に一時的に穎果間で炭水化物の競合が激しくなるため，胚乳内部におけるデンプン蓄積が不良になり白濁化するが，その後，穎果の生長が緩やかになると穎果への炭水化物の供給不足が解消され充実したデンプン粒が形成されるため白濁化した外側では透明化し，乳白粒となる（長戸・江幡 1965）．これに加えて穎果間だけではなく穎果内においても糖の競合が起こり，転流経路最末端に位置する胚乳内部（星川 1968 a, b）への糖の供給が不足するため，デンプン粒形成が不良となり乳白粒となる可能性もあり，胚乳内の糖の転流に関与する機能の重要性も無視できない．いずれにしても高温下では正常な穎果の発達に必要な時間当たりの炭水化物要求量が高まるのに対して，供給量が追いつかないことが乳白粒発生率の高まる要因となっていると考えられる．穎果の生長に供給量が追いつかないことは適温下においても起こりうる．実際に適温下にあっても成長中への胚乳への炭水化物の供給が制限されると乳白粒の発生が見られた（飯田・塚口 2006；中川ら 2006；永畠ら 2006）．これらのことを総合して乳白粒の発生率と穎果の生長期間における炭水化物の供給速度の関係を模式的に示すと，図 II.13 に示されるような関係が浮かび上がる．すなわち

成長中の胚乳への炭水化物の供給速度がある閾値を超えて低下すると，炭水化物の供給速度の低下に対して乳白粒の発生は直線的に増加する．高温下ではこの閾値が高まるか，あるいは炭水化物供給速度の低下に対する乳白粒発生率の増加程度が高まると考えられる．

（3）高温登熟環境で登熟性のよいイネとは

それでは高温登熟環境にあっても良登熟性を示すイネとはどのようなイネであろうか．乳白粒が発生しない条件は，図Ⅱ.13において炭水化物の供給速度が閾値よりも高く維持されることである．したがって高温によって高まる閾値をこえて炭水化物が安定して供給されること，および閾値が低く高温下でも高くないことが必要となる．

登熟期間に高い光合成活性を有するためには，葉身窒素濃度が高く維持されることが必要である．登熟期間の窒素不足と白未熟粒発生との関連が広く指摘されている（井上2003；月森2003）．ただ，玄米タンパク質濃度は出穂期頃の稲体の窒素濃度と正の相関があることから，近年，タンパク質含量の増加による食味の低下を避けるため窒素追肥が極力軽減される方向にある．しかしながら，実肥施用による穎果への炭水化物供給能の改善の結果，乳白は顕著に低下することが示された（中川ら2006）．また出穂期に急激に稲体の窒素濃度を高めずに登熟期に肥効が出るようなタイミングでの肥効調節型肥料の施用により，玄米タンパク質含量の増加は低く抑えられる一方で，乳白米発生率も小さくなった（坂田2006）．このように適切な肥培

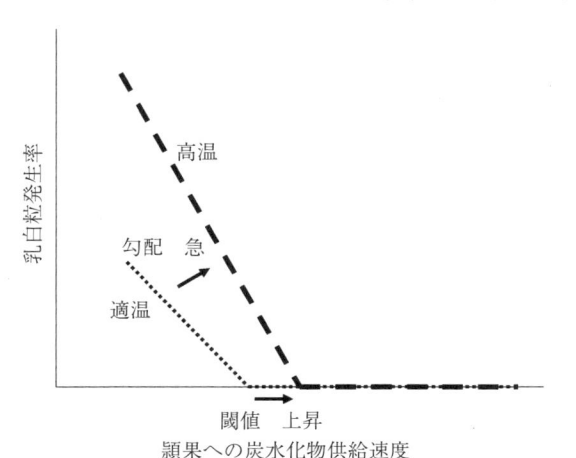

図Ⅱ.13 適温および高温登熟環境における，穎果への炭水化物供給速度と乳白粒発生率との関係（模式図）

管理も高温登熟障害軽減のためには不可欠であるが，そのためにも食味を損なわない許容範囲内にコメのタンパク質濃度を抑えた上で，効果的に登熟期の光合成能を高める施肥技術の確立が求められる．また登熟期の高い光合成活性の維持のためには，生育後半にも根機能が良好に維持されることを前提とする．したがって，肥培管理だけでなく適切な水管理などにより，登熟期の根機能を高く維持することの重要性は言うまでもない．

成長中の穎果への炭水化物供給速度増加に寄与するものとして，出穂期までに葉鞘・稈の部分にデンプンおよび可溶性の糖として貯蔵された非構造性炭水化物が挙げられる．非構造性炭水化物は穎果の生長ポテンシャルに同化産物の供給が追いつかないときにバッファーとしての働きをすると考えられ（Nagata *et al.* 2002），特に高温や寡照など登熟期の気象環境が不良の場合は重要な役割を果たすことが期待される．実際に，乳白発生が高まるような高温条件下では出穂後の葉鞘・稈の非構造性炭水化物の減少速度が大きく早期の非構造性炭水化物の枯渇が認められ（飯田・塚口 2006），穂への再転流速度が大きかったと考えられた．また出穂期までに貯蔵された葉鞘・稈の非構造性炭水化物が多い条件下では，乳白粒発生が抑えられることを示唆するデータも得られている（山口ら 2006）．この非構造性炭水化物の蓄積量あるいは出穂後の穂への再転流量には大きな品種間差異が存在し（翁ら 1982；角ら 1996），蓄積量および転流量が大きいことは高温下での品質変動の軽減に寄与すると思われる．

成長中の穎果への炭水化物の供給速度が大きいことに加えて，図 II.13 における閾値や勾配が小さく，またこれらの値が高温下でも高くならないことも高温登熟障害を受けにくいイネの供えるべき条件の一つである．剪葉および籾切除処理により穎果の生長に利用可能な炭水化物量を変化させて初星とコシヒカリを比較した結果，閾値に大きな差は見られなかったものの，炭水化物量が閾値より低いときの乳白米増加程度には明瞭な差が認められた（中川ら 2006）．一方で初星では閾値が高いという観察例（塚口 未発表）もあることから，これらの品種間差異が閾値あるいは勾配のいずれに出てくるかは温度条件や他の稲体要因などにも影響されると考えられ，今後の解明が

必要である．現在のところこの閾値や勾配における品種間差異を支配する要因は特定されていないが，これらに関与すると思われる形質についての興味深い知見が得られている．土田ら（2006）は，登熟期間における穂の表面温度および出液速度について高温登熟性の異なる早生の数品種を比較した結果，穂の表面温度は出液速度と密接な関係にあることがわかり，出液速度が高いほど穂の表面温度は低かった．さらに高温登熟性に優れる「こしいぶき」は穂の登熟初期の穂の表面温度が低かった．出液速度が高いことは葉身の光合成活性に寄与するため，穎果への炭水化物供給能を高める効果がある一方で，同じ気温環境にあっても穂温が低いことは閾値や勾配を低く維持する効果がある．このように様々な形質の関与が重なりあうことにより，高温登熟環境下にあっても外観品質を高く維持する品種が実現するものと考えられる．

　白未熟は温度などの環境および稲体要因の影響を強く受けるため，効率的な育種のためには，各品種の温度−炭水化物要求量の関係を明らかにした上で，高温登熟性に優れる品種が持つべき形質の解明が重要である．また栽培による高温に強い稲実現のためにもやはり地道な研究が欠かせない．たとえば窒素施用による登熟期の光合成能を通じた供給能の改善をとっても，稲体窒素濃度と密接な関係にある籾数や出穂期の葉鞘・稈への蓄積非構造性炭水化物量は1籾当たりの炭水化物供給能に直接関与する．このように1籾当たりの炭水化物供給能を高めるための最適な窒素水準策定は容易ではない上に，玄米タンパク質濃度が一定以上にならないようにする配慮も必要である．これらを統合的に解析し，最適な栽培管理法の策定が求められている．

6．高温による白未熟粒の発生と登熟期間の葉色の影響

（1）近年の高温化と田植え時期繰り下げの効果

　近年，全国的に白未熟粒等の多発が問題となっており，富山県においても基白粒，背白粒および乳白粒等の白未熟粒や胴割粒の多発により，2000〜2002年に1等米比率が低下した．これらの被害粒の直接的な発生要因は登熟期間の高温と考えられ，その対策技術が緊急に求められた．そこで，まず，

II. 高温障害の生理・生態

近年の高温化の影響について解析した．

図II.14は5年ごとの水稲生育期間の平均気温の推移を示している．近年の気候温暖化の影響で，富山県においてはコシヒカリの出穂期前後に当たる7月下旬～8月上旬の気温が極端に高くなる傾向がみられる．しかし，この高温化傾向は出穂期前後だけではなく，水稲の生育期間全般にみられ，移植後の5月～7月中旬も10年前より1℃以上高くなっている．従来から富山県の田植えはゴールデンウイークを中心に行われており，県内で作付け比率の高いコシヒカリを5月上旬に移植した場合，1988～1994年は出穂期が8月上旬であった．これに対し，2000～2005年では移植後からの高温の影響で7月下旬と早くなり，その変動も小さくなった（図II.15）．すなわち，恒常的に高温傾向となり，出穂期が早まっていると考えられる．その結果，出穂後に7月下旬～8月上旬の異常高温に遭遇したことが，近年の白未熟粒等の多発による玄米外観品質の低下に結びついているものと考えられた．

富山県における近年の玄米外観品質の状況を見ると，2000年以降，1等米比率が年々低下し，全国平均を大きく下回った．2000年は胴割粒の多発，2001，2002年は基白粒，背白粒，乳白粒等の白未熟粒の多発が玄米外観品質の主な格下げ要因であった．しかし，2003年以降，田植え時期の繰り下げを推進することにより，玄米外観品質は高くなる傾向になっている．

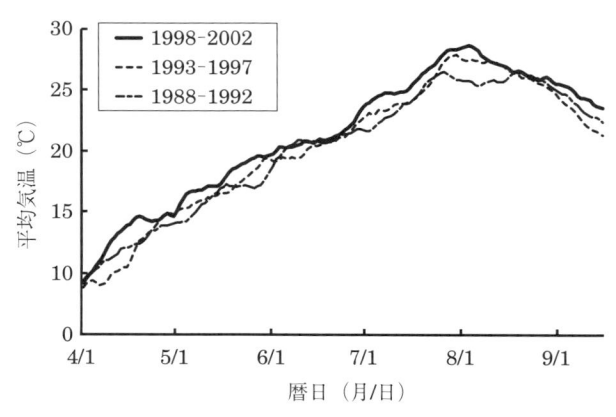

図II.14 5年ごとの平均気温の推移（富山地方気象台）
注）11日間の移動平均で示した．

6. 高温による白未熟粒の発生と登熟期間の葉色の影響 （49）

　従来から基白粒，背白粒は登熟初中期の高温により発生が多くなるといわれている（長戸・江幡 1965）．図 II.16 は出穂後 5 日ごとに人工気象室で高温処理を行った場合の乳白粒の発生程度を示している．温度条件は表 II.10 に示した．乳白粒は出穂後 10～25 日の高温で発生が多くなり，とくに，出穂後 10～15 日の高温の影響が大きかった．また，穂上位置別にみると，1 次

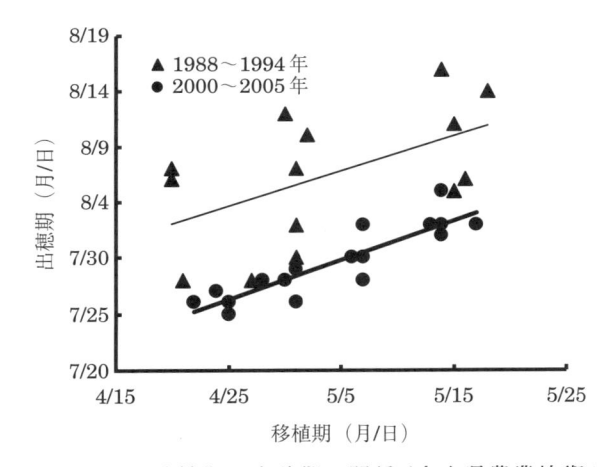

図 II.15　移植期と出穂期の関係（富山県農業技術センター）

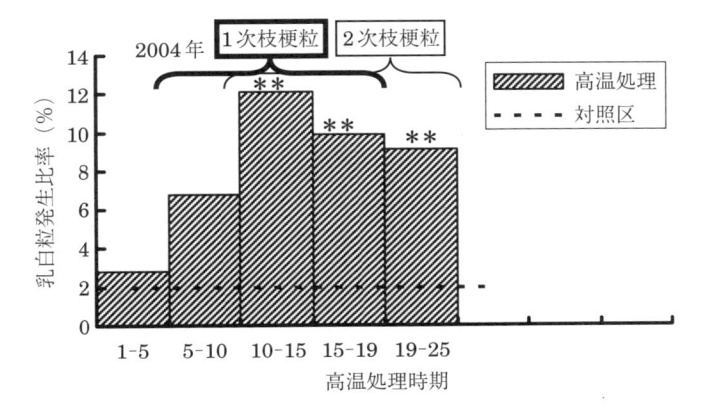

図 II.16　出穂後の高温処理時期が乳白粒発生におよぼす影響
　　　　注）図中の点線は対照区の乳白粒発生比率

(50)　II．高温障害の生理・生態

枝梗粒は出穂後5〜19日目，2次枝梗粒は出穂後10〜25日目の高温で発生が多く，開花時期の早晩と乳白粒が多発する高温遭遇時期が合致しているものと推察された．一方，基白粒，背白粒についても出穂後10〜15日の高温により発生が多くなる傾向が認められ，完全粒歩合

表 II.10　高温処理の温度設定（℃）

処理	昼温 (6〜17時)	夜温 (18〜5時)
高温区	34.5	27.4
対照区	29.2	21.5

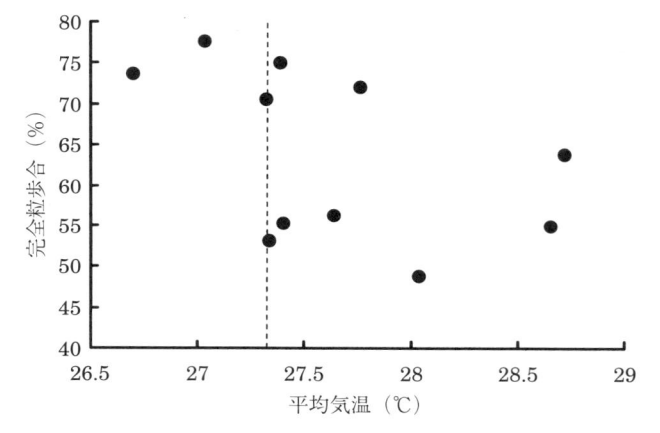

図 II.17　出穂後20日間の平均気温と完全粒歩合の関係
（2000〜2002年，富山県農業技術センター）

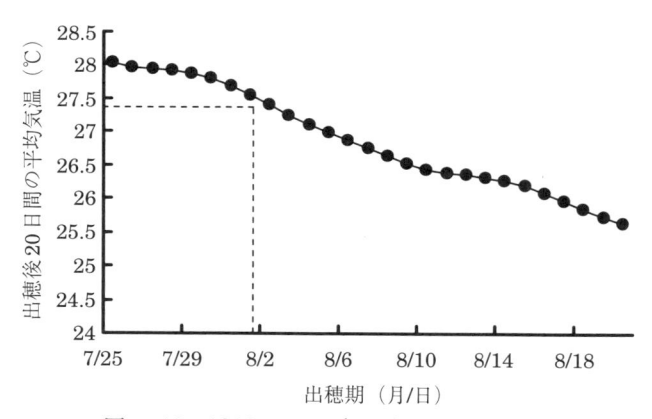

図 II.18　1998〜2002年の気温で計算した
出穂後20日間の平均気温の推移

6. 高温による白未熟粒の発生と登熟期間の葉色の影響　　（ 51 ）

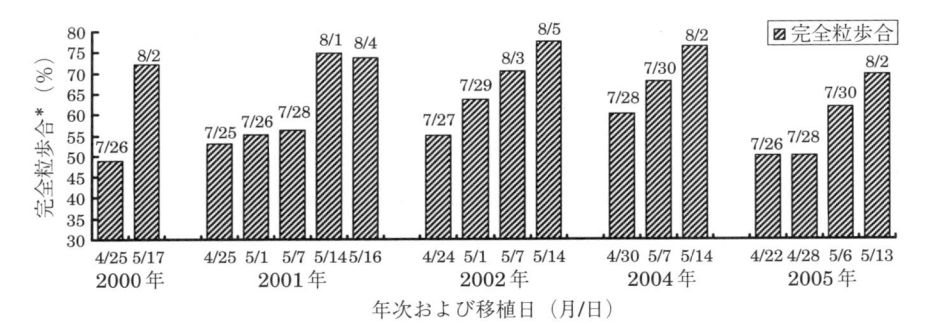

図 II.19　平成12～17年の作期別の品質
注）2000年の完全粒歩合は全胴
割粒を除いた正常粒の比率
図中の数字は出穂期

もこの時期の高温により最も少なくなった．

また，図 II.17 には出穂後20日間の平均気温と完全粒歩合の関係を示している．これを見ると，出穂後20日間の気温が27.3℃を上回ると，完全粒歩合が低下した．一方，図 II.18 は1998～2002年の気温で算出した出穂後20日間の平均気温の推移を示している．出穂後20日間の平均気温が27.3℃を下回るためには，富山県における近年の気象条件下では8月3日以降に出穂させる必要があるものと考えられた．

表 II.11　気温による出穂期の予測

移植日	出穂期	
	1999-2002年	平年
5月 1日	7月29日	8月 2日
5月10日	8月 2日	8月 6日
5月15日	8月 5日	8月 9日
5月20日	8月 7日	8月12日

注）1999-2002年はこの4年間，平年は過去30年間の平均気温を用い，発育段階予測式により出穂期を予測した．

図 II.19 は2000～2005年の高温年の移植時期と完全粒歩合の関係を示している．移植時期を繰り下げ，8月に入ってから出穂した場合，明らかに品質が向上した．

これらのことを踏まえ，発育段階予測手法によりコシヒカリの出穂期を予測したところ，生育期間が従来の平年の気温で推移した場合は5月上旬に移植しても8月上旬に出穂すると予測されるが，近年の高温条件下の気温で推

(2) 白未熟粒の発生要因

① 乳白粒の発生要因

図 II.20 には m^2 当たり籾数と乳白粒の発生比率の関係を示した．これをみると，乳白粒は籾数が多いほど発生が多くなる傾向が認められた．また，穂上位置別にみると，乳白粒は2次枝梗粒あるいは穂の基部に近い開花の遅い弱勢な頴花に発生が多かった．一方で，前述したように乳白粒は高温により多発するが，日照不足や倒伏などによっても発生が多くなる．木戸・梁取(1968)は強勢頴花，中間頴花，弱勢頴花の発育過程には互いに重複が認められ，これがデンプン転流に関して相互の競合関係となるものと考察している．これらのことから，乳白粒は高温条件も含めた様々な要因でデンプン蓄積が阻害され，競合が起こる場合に弱勢頴花を中心に多発するものと考えられる．

② 基白粒，背白粒の発生要因

図 II.21 は2002年の登熟初期の気温と移植時期ごとの出穂後の生育ステージ，また，図 II.22 は移植時期と基白，背白粒発生比率の関係を示している．2002年は8月5〜11日にフェーン現象による異常高温に見舞われた．前述のように，基白，背白粒は出穂後10〜15日の高温により発生しやすいが，これらを見ると，移植時期が早いほど基白，背白粒の発生比率は高くなり，高温に遭遇する時期が出穂後10〜15日に近いほど，または，出穂後，

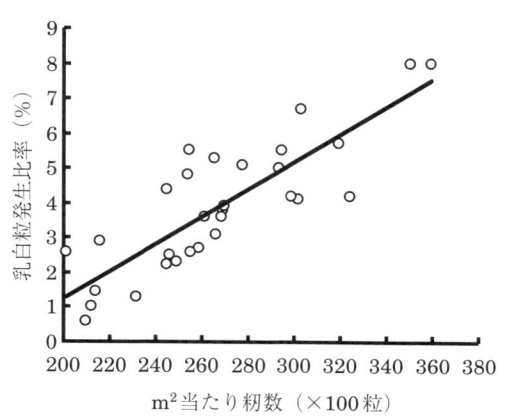

図 II.20 m^2 当たり籾数と乳白粒発生比率の関係 (2003年)

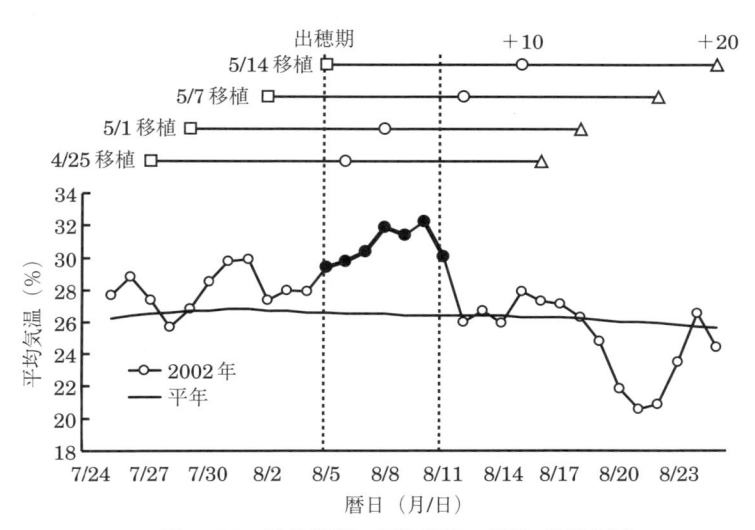

6. 高温による白未熟粒の発生と登熟期間の葉色の影響

図 Ⅱ.21 登熟期間の平均気温の推移（2002年）
注）上の直線は各移植日の出穂後日数

高温に遭遇する期間が長いほど基白，背白粒の発生が多くなる傾向が認められた．

このように，基白，背白粒の直接的な発生要因は登熟初期の高温が影響していることが明らかであるが，その一方で稲体の栄養状態もその発生に影響をおよぼすものと考えられた．図Ⅱ.23 は 2002 年の穂揃期の葉色と基白，背白粒の発生比率の関係を示している．田植え時期を繰り下げて出穂期を遅らせた場合は出穂期の葉色にかかわらず基白，背白粒の発生程度は低かったが，田植え時期が早い場合，葉色値が高いほど基白，背白粒の発生が少なくなった．

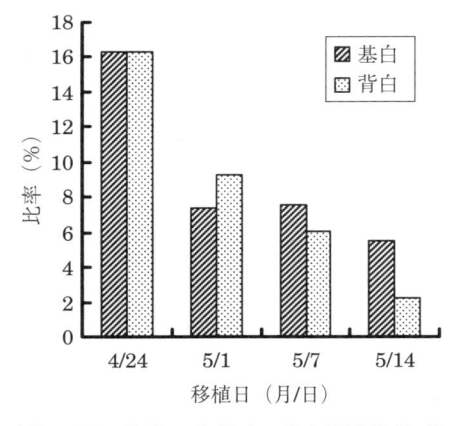

図 Ⅱ.22 移植日と基白・背白粒発生比率の関係（2002年）

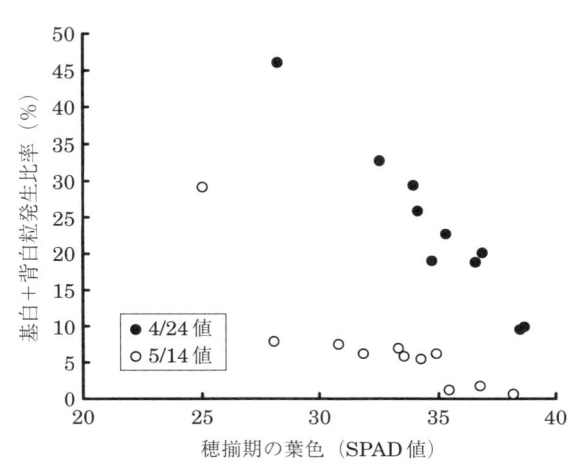

図 Ⅱ.23 穂揃期の葉色と基白・背白粒発生比率の関係（2002年）
注）凡例は移植日

つまり，登熟初期に高温に遭遇した場合，稲体の窒素濃度が低くなることが基白，背白粒の発生を助長する要因と考えられた．

一方，図Ⅱ.14で示したように，近年は生育初期から気温が高くなる傾向にあり，初期の分げつ増加が早くなるとともに，最高分げつ期が早くなる傾向が認められた（図Ⅱ.24）．また，同試験における生育中期の葉色をみると，近年は葉色の低下が大きくなる傾向が認められた（図Ⅱ.25）．すなわち，生育初期からの高温の影響で初期分げつの過剰，生育中期の極端な栄養凋落となり，このことが登熟期間の栄養状態の悪化に結びつき品質が低下することが考えられた．そこで，対策技術の手法の一つとして栽植密度が生育初中期の茎数，葉色および基白，背白粒発生におよぼす影響について検討を行った．

（3）栽植密度が基白粒，背白粒発生におよぼす影響

2003～2006年に富山県農業技術センター農業試験場内圃場においてコシヒカリを供試し，栽植密度を20.8株/m^{2}程度（4カ年の平均値，70株/坪を目安に設定，以下同様），18.6株/m^{2}程度（60株/坪），15.9株/m^{2}程度（50株/坪）および11.6株/m^{2}程度（40株/坪）に変えて栽培した．いずれの年次も富山県においては早植にあたる4月下旬に移植した．

図Ⅱ.26は2003年の茎数および葉色の推移を示している．栽植密度が20.0株/m^{2}程度と高い場合，生育初期からの分げつが過剰となり，生育中期の葉色値が3.5以下と極端に低下した．一方，栽植密度を低減し，過剰な分

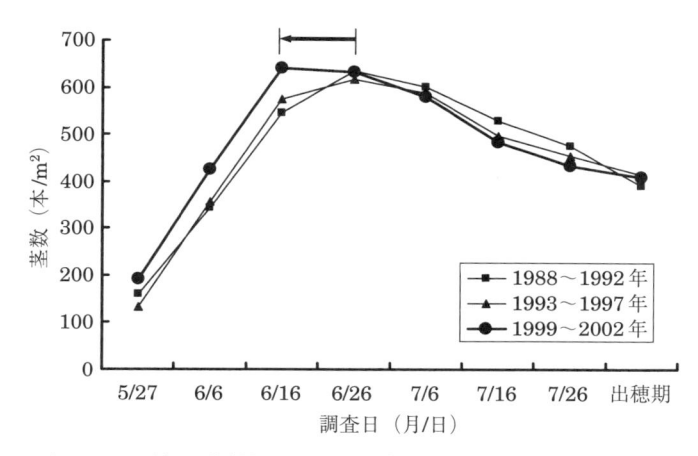

6. 高温による白未熟粒の発生と登熟期間の葉色の影響　(55)

図 II.24　近年の茎数推移の傾向（富山県農業技術センター）
　　　　注）収量構成要素年次変動解析試験結果を用いた．
　　　　　　移植は5月7日．

げつを抑制することにより，極端な葉色低下が改善された．他の年次においても同様の傾向が認められた．

　登熟期間の気温は2003年が平年より低温傾向であったが，それ以外の年次は高温で推移し，基白，背白粒発生が多くなった．登熟初期が高温で基白粒，背白粒が発生しやすい条件となった2004年についてみたところ，栽植密度が21.3株/m²と高い場合，分げつが過剰となり，生育中期の葉色値が極端に低下することにより，出穂期の葉色

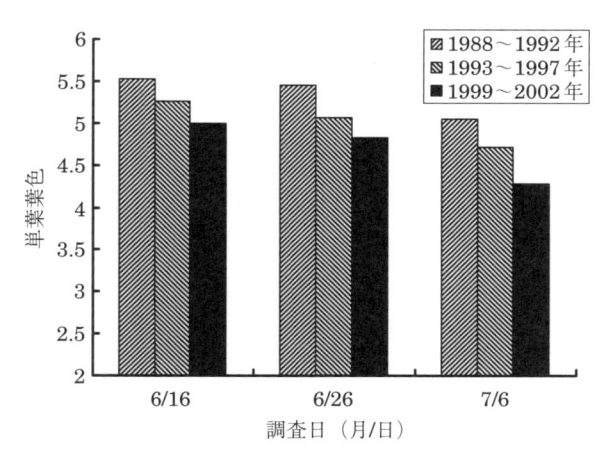

図 II.25　近年の葉色の傾向
　　　　注）収量構成要素年次変動解析試験結果を用いた．移植は5月7日．

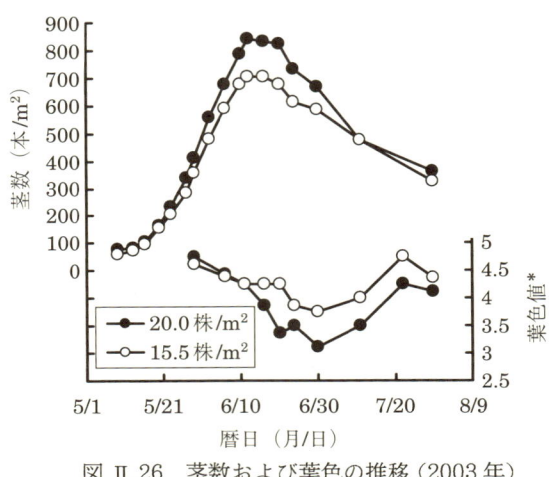

図 II.26　茎数および葉色の推移（2003年）
注）*葉色板による

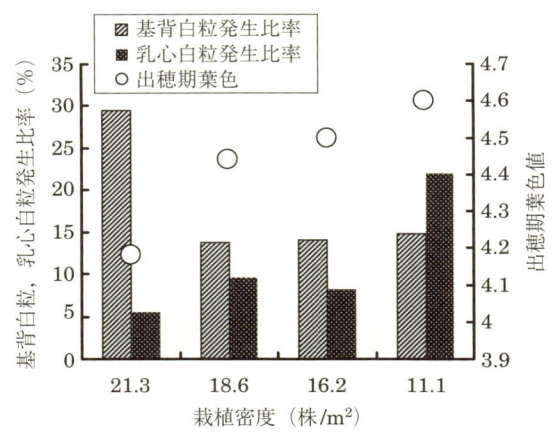

図 II.27　栽植密度と玄米品質の関係（2004年）

低下につながった（図II.27）．その結果，栽植密度21.3株/m^2では基白，背白粒の発生が多くなった．しかし，栽植密度を16.2〜18.6株/m^2程度に低減することにより，出穂期以降の葉色が維持され，基白，背白粒の発生が少なくなった．一方で，栽植密度を11.1株/m^2程度と極端に低減すると，1穂籾数が過剰となり，乳白粒の発生が多くなった．さらに，収量，食味面でも栽植密度の影響はみられなかった．2005，2006年についても同様の傾向が認められた．

（4）基白粒，背白粒の発生を軽減するための適正葉色推移

これまでも述べてきたように，登熟期間の葉色は基白，背白粒の発生に影響をおよぼすことが明らかであった．そこで，次に基白，背白粒の発生を軽減するための適正葉色推移について検討した．

まず，図II.28は2003年に穂肥施用時期を変えて1回のみ施用した場合

の葉色値の推移を示している．穂肥施用時期が遅れ，出穂前に極端に葉色が低くなると，出穂期頃には一旦葉色は高くなるものの，登熟期間の葉色が早期に低下した．その結果，登熟盛期の葉色は出穂前の葉色の低下が大きい区ほど低くなった．このことから，幼穂形成期頃の極端な葉色の低下は登熟期間の稲体活力の低下につながるものと示唆された．

次に，出穂前から登熟後半までの葉色と基白，背白粒発生比率の関係をみたところ，両者の間には高い負の相関関係が認められ，出穂前10日目以降，葉色を高く維持するほど基白，背白粒の発生が軽減することが明らかであった（図Ⅱ.29）．従来から，コメの食味にはタンパク含有率が大きく関与し，登熟期間の葉色を高くしすぎると食味が低下することが明らかになっている．そこで，これらの関係をもとに，基白，背白粒が目標とする値まで低下する最も低い葉色値を出穂前後の各時期において求めたところ，適正葉色値は図Ⅱ.29に示すとおり，出穂期がSPAD値で33～34程度，出穂後20日目が30程度であった．また，この葉色値は精米タンパク含有率を富山県の良食味の基準としている5.5％以下とする葉色からみても妥当であった．

（5）まとめ

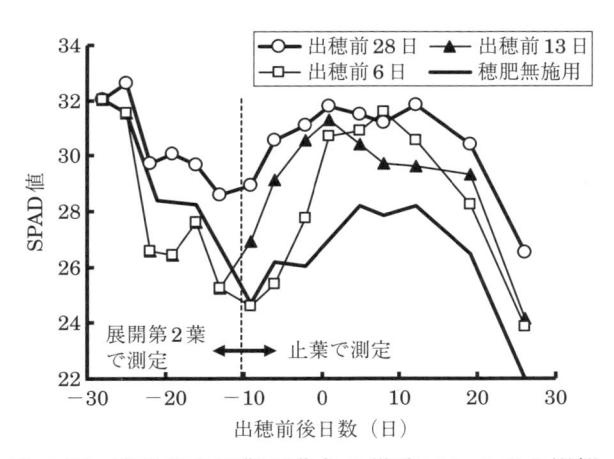

以上のことから，高温条件下で基白・背白粒の発生を少しでも軽減するためには登熟期間の稲体の栄養状態の維持が必要と考えられる．登熟期間の窒素濃度を高める手段としては穂肥等の追肥も有効と考えられるが，出穂間際の窒素施用

図Ⅱ.28 穂肥施用時期が葉色の推移におよぼす影響（2003年）
注）穂肥を凡例の日にN 1.5 kg/10 aを1回のみ施用した．

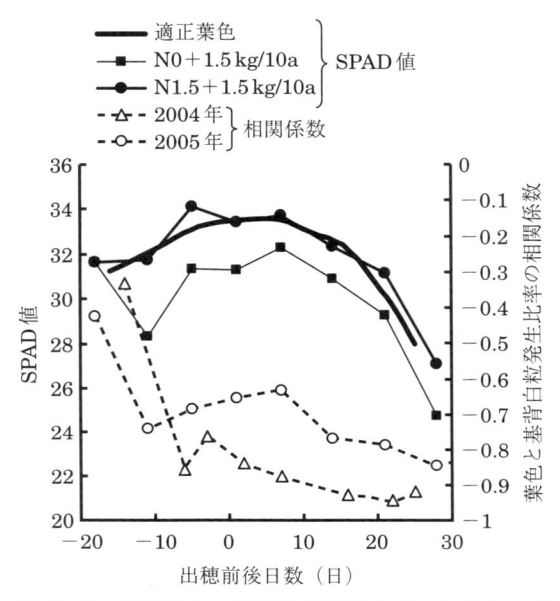

図 II.29 適正葉色，穂肥施用時期を変えた場合の葉色の推移，および，各時期の葉色と基白，背白粒発生比率の相関係数
注）適正葉色値は各時期における葉色と基白，背白粒発生比率の関係から求めた．

はコメのタンパク含量を高め，食味が低下することが知られている．また，一方でコシヒカリは耐倒伏性が弱いため，従来から下位節間の伸長期の葉色を低下させることが必要である．しかし，極端な葉色の低下は出穂期以降の登熟を良好にするための栄養状態の維持を困難にさせることから，出穂以前においても適正な葉色に制御し，適量の穂肥で登熟期間の稲体の活力を維持することが重要である．この手法の一つとして，栽植密度を適正に低減させることにより，初期の過剰な分げつを抑制し，最高分げつ期以降，目標とする葉色に誘導できることが明らかとなった．従来から富山県では坪当たり70株程度の栽植密度が慣行であったが，50〜60株程度に低減することにより，幼穂形成期頃の葉色を3.7〜3.9程度に誘導することができた．

ただし，基白・背白粒の直接的な発生要因は出穂後の高温で，気温が最も

高くなる時期を避けて出穂させることがきわめて有効な手段である．また，富山県において平成12年に多発した胴割粒についても，近年の研究結果では登熟初期の高温条件により多発することが明らかになっている（高橋ら2002，長田ら2004）．これらのことから，田植え時期を繰り下げることは気候温暖化に起因する白未熟粒や胴割粒の発生軽減に最も有効な技術と考えられる．しかし，大規模経営体等においては田植え期間が1カ月以上におよぶ場合があり，やむを得ず早い田植えが必要となっている．このような場面において，少しでも基白・背白粒等の白未熟粒の発生を軽減できる技術として活用できるものと考えられる．

7．高温登熟と根の広がり

（1）はじめに

登熟期間の高温が玄米の品質低下をもたらしていることが各地より報告されている．出穂後15日または20日間の平均気温が26℃以上（近藤ら2006），あるいは28℃以上（山口ら2002）で乳白粒や背白粒，基白粒の発生率が高まり，完全米の比率が低下するとされている．しかし，北陸地域では早生品種とコシヒカリを中心とする品種構成や，早期出荷を目的とした4月下旬〜5月上旬田植えの作型より，1970年代から出穂後20日間の平均気温は27℃前後と高く，全国一の高温登熟地帯であった．それでも良質米生産地としての地位を維持できたのは，高温登熟に強い品種選定と生育中後期の地力発現により十分な窒素発現があったためと考えられる．

一方，全国的に品質低下が著しかった2002年の気象条件のように，登熟前半の高温だけでなく，登熟期間が無降雨で乾燥が著しく，飽差が高いことも品質低下の大きな要因である．

これらは，高温登熟に耐えるためには根系を十分広げて，登熟期間の水分や窒素を中心とする養分を円滑に吸収，転流できる稲体をつくることが重要であることを示唆している．そこで，本項ではコシヒカリの根の発育特性を紹介するとともに，栽培条件と根の広がりや玄米の品質との関連性について考察したい．

(2) 下層への根の広がりと環境

　乾燥地帯で栽培される畑作物の根系は1m以上と深く，それが耐乾性を高める上で大きな役割を果たしている．水稲は，基本的に土壌水分が高い条件で栽培されるため，多少の乾燥では水分ストレスは生じないはずであるが，根の機能が低下した場合には気孔開度の低下を通して光合成能力が低下する（津野・山下1970）．また，登熟前半の落水処理により明らかに品質が低下することはよく知られている（佐々木ら1984他）．落水による土壌の収縮により土壌表面より亀裂が入って"うわ根"が断根するとともに，耕盤層にも横に亀裂が入り下層根にまで影響がおよぶ．これらの報告は，軽微な水分ストレスでも登熟を一時的に停滞させ，玄米の肥大に影響をおよぼすことを示している．土壌の乾燥と収縮は表層から進展するため，いわゆる"うわ根"が最初に乾燥や水分ストレスの影響を受ける．

　川田ら（1978）は，"うわ根"の発達が良好であれば600 kg/10 a程度の収量が得られ，それ以上の収量を得るためには下層に伸長する根の量が重要であると指摘している．根系を拡大するための栽培的手法については，主に多収穫の観点から，深耕，中干し，間断灌漑，有機物の腐熟促進，およびそれらの組合せが下層への根の伸長に効果的であることが明らかにされている．また，籾数の増加と登熟向上を通して収量向上につなげる実証が行われ，効果を上げてきた．間脇ら（1989）は幼穂形成期の遮光が根量を減少させることに加えて，下層に伸長する根数を減らし，それが登熟低下をもたらすと報告している．したがって，梅雨の日照不足と幼穂形成期間が重複しないよう，作期を工夫することも根の伸長の面から重要である．

　一方，一株当たり植付本数によっても根の分布は異なる．岩田（1986）や鯨（1990）は植付本数と根の分布を調査し，本数が少ないほど下層に伸長する根の本数や量が多いことを報告している．著者ら（2002）も，疎植条件では籾数がやや減少するが登熟歩合が向上し，収量低下は軽微で乳白粒の減少を通して品質が高まることを認めている．

(3) コシヒカリの根重と地上部重の推移

　高温は登熟期間のみに出現しているわけではなく，育苗期間から頻繁に出

現し，イネの発育と生長に影響をおよぼしている．育苗期間の高温は苗の徒長や老化をもたらし，移植後の高温は活着や初期生育，葉齢の進展を促進し，イネの発育を早めている．また，稚苗の播種量の減少は同一育苗日数でも葉齢を進めるとともに，適正な管理にて苗質を高めると活着が促進し，分げつ増加にもつながっている．分げつと根数の増加には密接な関係がある．したがって，生育初期の高温は地上部乾物重を増加させるとともに，根重増加にも大きく寄与している．通常，根重は幼穂形成期にかけて次第に増加し，出穂期に最大となり成熟期までは少しずつ減少する（図Ⅱ.30）．

一方，高温による発育促進により分げつ数は増加するが，分げつが過剰となると生育中期からのラグ期の延長につながり，地上部重は継続して増加するが根重増加はやや停滞することが明らかになってきた（図Ⅱ.31）．同一施肥量の条件では，活着や初期生育が良好で，最高分げつ数が大きい場合には有効茎歩合が低下しやすい．その結果，地上部の生長量に対して根の生長量は少なく，相対的に早くT-R比が大きくなる．出穂期にT-R比が大きいイネでは，登熟期間の根の脱落が多いためにさらにT-R比が大きくなる傾向にあり（図Ⅱ.32），その結果収量の伸びも劣る．

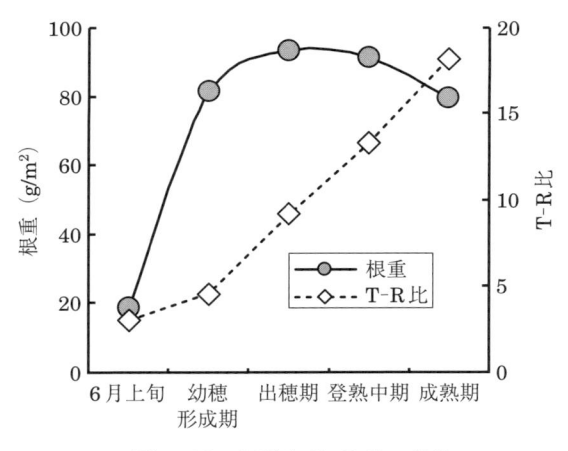

図Ⅱ.30 根重とT-R比の推移
（1984-2003 福井農試）

地上部と根の重量増加は，栄養生長期間ではほぼ比例関係にある．これは，分げつの増加に伴ってそれぞれの分げつ基部から規則的に発根するためである．しかし，最高分げつ数が一定数以上となると株基部が混み合い，発根数と地上部重の関係が乱れ，結果的にT-R比が増加する．移植時の苗質

II. 高温障害の生理・生態

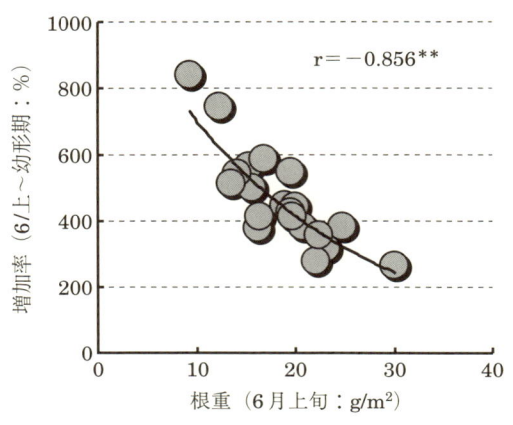

図 II.31 6月上旬の根重と幼穂形成期にかけての根重増加率の関係（井上ら 2004）

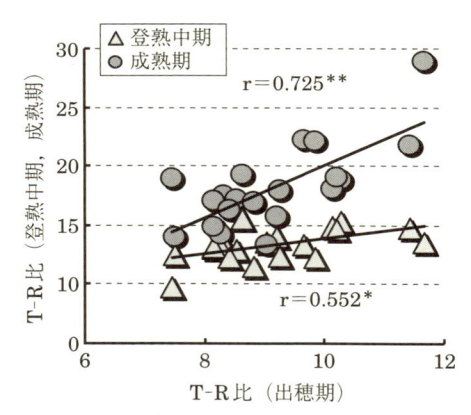

図 II.32 出穂期と登熟中期，成熟期の T-R 比の関係（2006 井上ら）

を変えた試験結果（井上ら 2001）によると，苗質が大きく窒素保有量が多いほど初期生育は旺盛となるが，下層へ伸長する根の割合は少ない．しかし，地上部乾物重は大きいため単位面積当たりの着生籾数が多くなる．したがって，旺盛な初期生育は登熟期間の T-R 比を高めやすく（図 II.33），下層に伸長する少ない根数で多くの籾数を登熟させる結果，乳白粒などの未熟粒の発生を助長させることになる．1株当たり植付本数が多い場合にも同様である．

さらに，根の分布が浅い稲では窒素吸収にも影響がおよぶ．地力が低く施肥量が少ない場合には，出穂期の葉色が淡くなるため，籾数が過剰でなくても登熟に影響がおよび未熟粒や背白粒，基白粒の発生を助長する．鳥山（2001）は，収量と下層土の地力窒素発現量の間に有意な正の相関関係を認めている．この点からも出穂期までに下層へ伸長する根を増やすことが，登熟期間の窒素吸収を円滑にし，地上部の老化を防ぐ意味からも重要であることが理解できる．

したがって，登熟期間だけでなく，生育初中期の気温と発育にも配慮した生育制御と栽培管理を行わないと，高温下での登熟を円滑に行うことが困難

となり，玄米品質低下の大きな要因となる．

(4) 根の生育パターンと品質への影響

4月下旬〜6月下旬にかけて稚苗を移植し，稲作期間全体を通した根の生育パターンの変化を円筒モノリスを用いて調査した．根数は，幼穂形成期頃まではイネの発育と生長にしたがって増加し，生育初期と幼穂形成期の根数には正の相関がみられる（図Ⅱ.34）．また，稲体窒素濃度は最高分げつ期から幼穂形成期頃までは地上部乾物重と反比例し，窒素濃度が高いほど根数は少ない．根数，窒素濃度ともに出穂期以降については判然としない．

幼穂形成期に根数が多いとその後出穂期にかけての根数増加が少なく（図Ⅱ.35），幼穂形成期から出穂期の根数増加数が多いと登熟期間の根数減少程度が大きい（図Ⅱ.36）．また，登熟期間の根数減少数が多いと成熟期における根1本当たりの根重が重い傾向がみられた（図Ⅱ.37）．観察によると，登熟期間に減少したのは直下根よりも表層部分の根であり，成熟期において根1本当たり

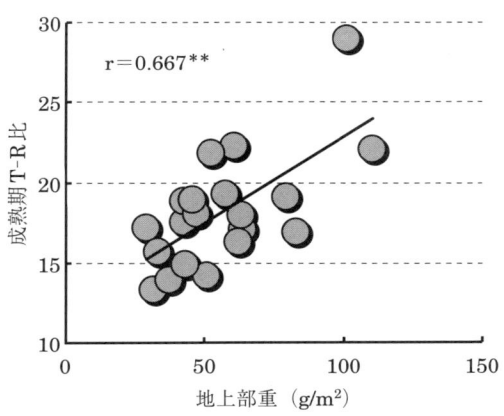

図Ⅱ.33 6月上旬の地上部重と成熟期 T-R 比の関係（井上ら 2004）

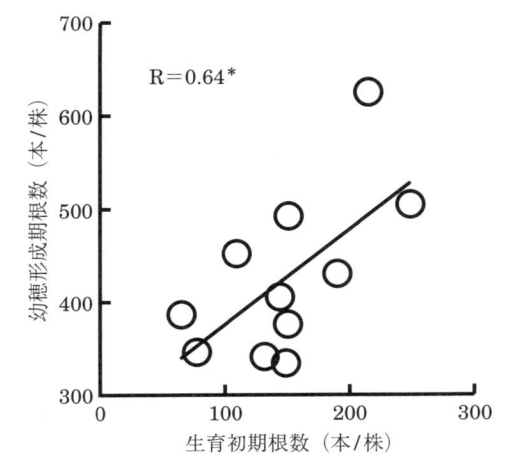

図Ⅱ.34 生育初期と幼穂形成期根数の関係（山口ら 未発表）

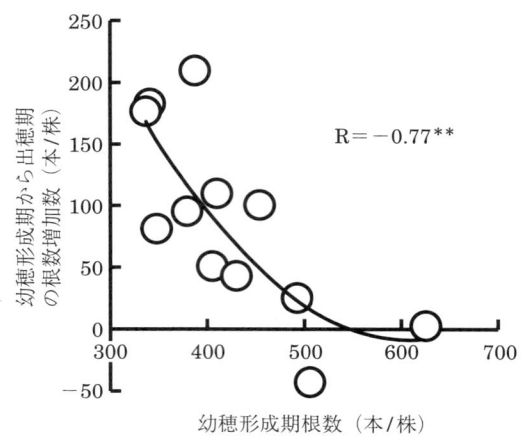

図 II.35 幼穂形成期の根数と出穂期にかけての根数増加数の関係（山口ら 未発表）

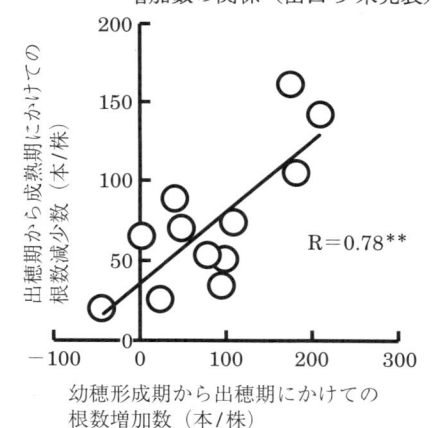

図 II.36 幼穂形成期から出穂期にかけての根数増加数と出穂期から成熟期にかけての根数減少数の関係（山口ら 未発表）

根重が重い条件ほど，表層よりも直下根の割合が高い．そして，幼穂形成期から出穂期にかけて根数が増加する条件では直下へ伸長する根も多く，これらが成熟期まで脱落せずに残ると考えられる．この試験では，成熟期の根1本当たり根重と完全米率との間に正の相関が確認されている（図II.38）．

これらの点より，気象条件に関わらず，成熟期において直下根の割合が高い条件は品質を高める条件であり，生育初期から幼穂形成期までは地上部重が小さく根数も少なく，その後出穂期にかけての根数増加数，具体的には直下根の増加数が多い条件が，高温登熟に耐えうる根の生育前歴条件であると考えられる．しかし，これは移植時期が遅い栽培条件でしか得られないため，早植えで根の生育前歴条件を適正にするためには，さらなる研究が必要である．

(5) 栽培条件と根系，収量，品質

① 深耕の効果

a. 作土深の変化

全国的に転作が始まっておよそ30年が経過し，面積も年々増加する中で，水田の作土が浅くなり乾田化している．福井県の調査例でも，約30年前に比べて作土の浅耕化が確認されている（図Ⅱ.39；伊森ら 2002）．

また，現地の耕耘作業の実態調査より，耕深15 cm以下で耕耘しているところが多く，平均耕深は10 cm程度と浅いことがわかった．さらに，耕耘ロータリの作業速度の調査により，ロータリの作業速度が0.4 m/s以上になると耕深が浅くなる傾向を認めた（図Ⅱ.40）．このことから，作業効率を重視した耕耘作業も，浅耕化の一要因となっていることがわかる．

b. 耕深と根の伸長

登熟期間の高温や乾燥が水稲根群の表層部分に大きく影響し，下層部分に根群が少ない場合には稲体の養水分供給が不安定化し，米質を低下させることが想定される．そこで，乾

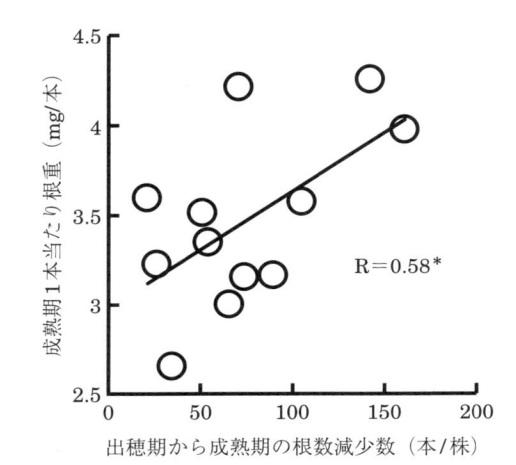

図Ⅱ.37 出穂期から成熟期にかけての根数減少数と成熟期の1本当たり根重の関係（山口ら 未発表）

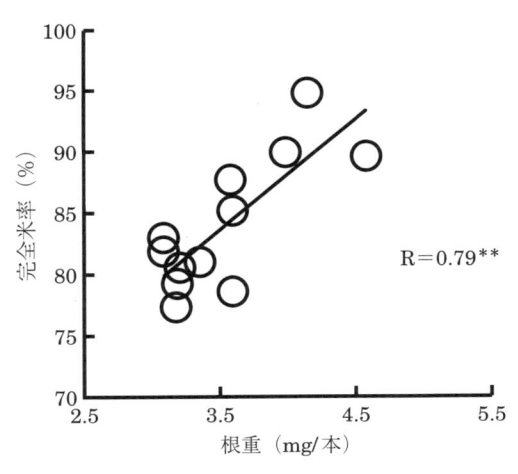

図Ⅱ.38 完全米と成熟期の1本当たり根重との関係（山口ら 2004）

Ⅱ．高温障害の生理・生態

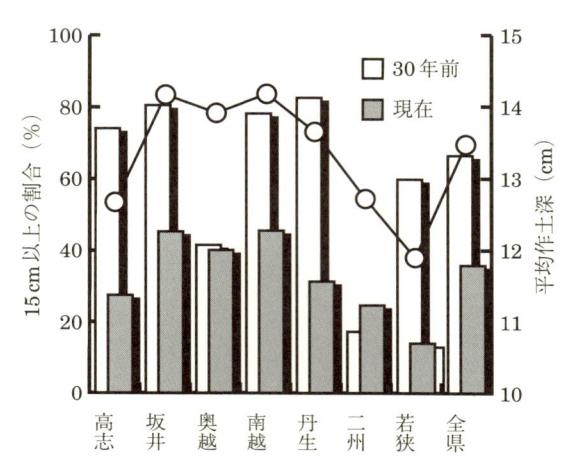

図Ⅱ.39 作土深の地域別変化（福井農試 2002）

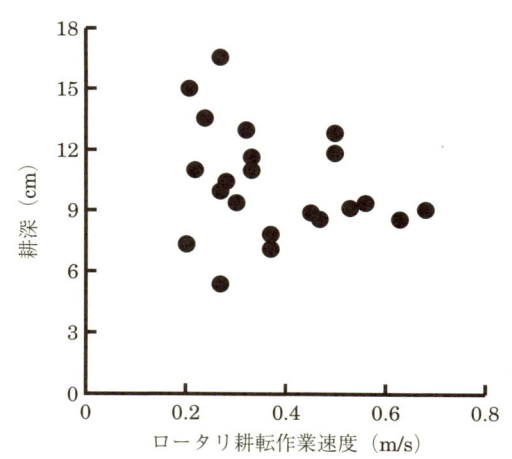

図Ⅱ.40 県内水田の耕深と作業速度の実態（福井農試 2003）

田タイプで有効土層の異なる圃場において耕深を8 cm（浅耕区）と15 cm（深耕区）に設定し，根域および下層根（表層より10 cm以下の根）の伸長の変化を調査した．

深耕区は浅耕区に比べて下層部分の根域が大きく，とくに有効土層が浅い圃場で著しい（図Ⅱ.41）．また，深耕区の下層根重および下層根率が浅耕区より大きく，有効土層が浅い圃場では深い圃場より下層根重が小さく，比率も低い（図Ⅱ.42）．深耕による根域拡大の理由は，有効土層が浅い圃場ではもともと根が伸長できない硬い礫層を物理的に拡大したためであり，有効土層が深い圃場では瀧島ら（1969）の報告にあるようにわずかな土壌硬度の差が根の伸長方向に影響したためと考えられる．

c. 耕深の違いと収量，品質

深耕区は浅耕区に比べ，穂数，籾数が増加し，収量が向上する（表Ⅱ.12）．とくに有効土層が浅い圃場では，収量改善効果が高かった．これは，浅耕区

7. 高温登熟と根の広がり

| 15 cm | 8 cm | 15 cm | 8 cm |

有効土層・浅い　　　　　　　有効土層・深い

図 II.41　耕深の違いによる根域の違い（山口ら 2006）

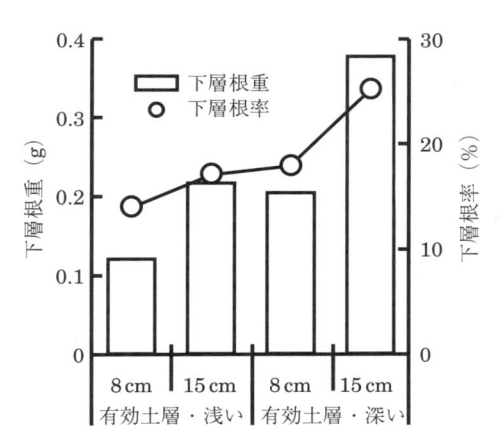

図 II.42　耕深の違いと出穂期下層根重（率）への影響（山口ら 2006）

は深耕区に比べ根が表層部分に多く，比較的早く基肥成分を吸収するため分げつ増加は早いが，その後肥効が低下するため有効茎歩合が低下し，籾数が減少するためである．

深耕区では背白・基白粒，茶米，奇形粒，心白粒などの発生が少なく，完全米率が向上する（図 II.43）．また，立毛中の胴割粒の発生も少ない（図 II.44）．このことは表層より下層に根が多い方が，稲体が安定的に養水分を吸収でき，高温乾燥に耐えうる根の形態であることを示している．ここで有効土層の違いにより品質レベルに差が現れたのは，有効土層が浅い圃場では籾数レベルが低く，シンク-ソース比が小

表 II.12　収量構成要素および玄米窒素濃度（山口ら 2006）

有効土層	耕深 cm	穂数 本/m²	総籾数 100粒/m²	登熟歩合 %	千粒重 g	収量 g/m²	玄米窒素濃度 %
浅い	8	379	251	92.0	22.2	506	1.25
	15	397	279	90.0	22.1	538	1.22
深い	8	373	322	87.6	21.6	579	1.15
	15	414	348	85.3	21.3	584	1.18

Ⅱ．高温障害の生理・生態

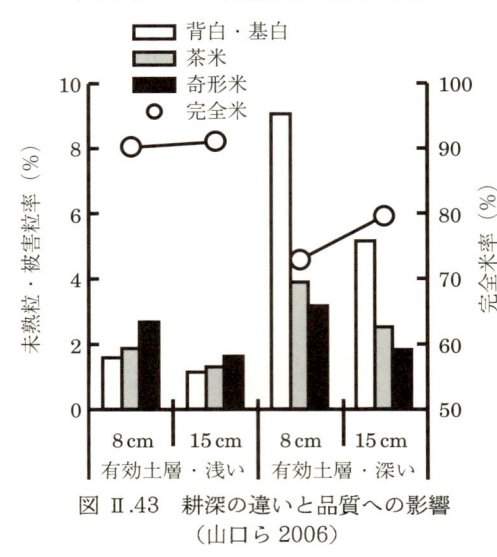

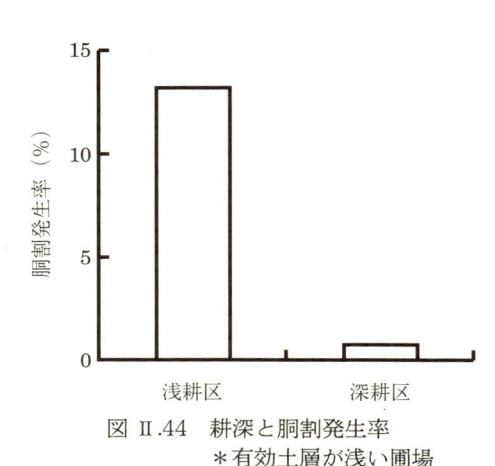

図 Ⅱ.43 耕深の違いと品質への影響
（山口ら 2006）

図 Ⅱ.44 耕深と胴割発生率
＊有効土層が浅い圃場
（山口ら 2006）

さく品質が安定したためである．なお，耕深の違いによる玄米窒素濃度への影響は小さい（表 Ⅱ.12）．

② 施肥位置の影響
a. 側条施肥と基肥一括肥料の普及と問題点

鯨ら（1989）は表層施肥では表層に分布する根が多くなり，根系が浅くなると指摘している．側条施肥田植機が普及した結果，これと同様な浅根化が起こり，高温登熟条件での品質低下要因の一つとなっていると考えられる．また，基肥一括肥料については，軽労化の観点，および穂肥成分の肥効が緩効的で弱勢穎花数が少なく，乳白粒の発生軽減効果があるため，普及拡大傾向にある．しかし，年次や場所により肥効発現の変動が大きいとの指摘もあり，とくに高温年次においては品質への影響についても検討の余地がある．

ところで，低地力地域の品質改善は大きな課題であるが，土壌タイプの違いは根の広がりや見かけの品質にも影響が大きい．そこで，土質（隣接した灰色低地土とグライ土）と施肥法（基肥一括肥料の全層および側条施用）が，根の発育と収量品質におよぼす影響について解説する．

b. 根数への影響

　地上部乾物重は，生育期間を通して地力が高いグライ土区で大きく，出穂期までは全層施肥よりも側条施肥で大きい．しかし，灰色低地土区では登熟中期以降全層施肥で大きくなる．

　株当たり根数は，土質に関わらず幼穂形成期頃までは側条施肥で多い．グライ土区ではその後も側条施肥の根数は多いが，一方灰色低地土区では出穂期に全層施肥の根数が側条施肥を上回り，登熟期間の根数の減少程度は大きかった．1茎当たり根数は，有効茎確保期では側条施肥で少ないが，最高分げつ期には逆転した（図Ⅱ.45）．グライ土区ではその後も側条施肥で多い傾向であったが，灰色低地土区では幼穂形成期から出穂期にかけて全層施肥で多くなり，株当たり根数同様に登熟期間の減少程度が大きかった（図Ⅱ.45）．株当たり根数が幼穂形成期頃まで側条施肥で多いのは，初期生育が促進され，分げつ数が多いためである．その後は，地力の多少により根の動きが異なり，グライ土では根数が多く推移するが，地力の低い灰色低地土・全層施肥区では，幼穂形成期間の乾物増加量が大きいため，その期間の発根数の増加も大きいと考えられる．しかし，一時的に増加した表層根は登熟期間の脱落も多い．一方，表層部分に肥料が残る側条施肥では，下層に伸長する根数に比べ数の多い表層部分の根が維持されている．側条施肥で最高分げつ期に茎当たり根数の増加が著しいのは，緩効性肥料を吸収するために，表層部分

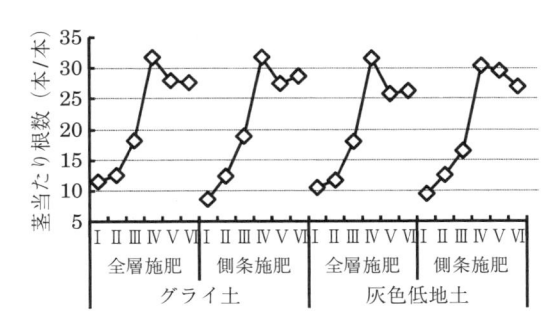

図Ⅱ.45　茎当たり根数の比較（2004-2005）（山口ら 未発表）
（Ⅰ：有効茎確保期，Ⅱ：最高分げつ期，Ⅲ：幼穂形成期，Ⅳ：出穂期，Ⅴ：登熟中期，Ⅵ：成熟期）

II. 高温障害の生理・生態

全層施肥	側条施肥	全層施肥	側条施肥
グライ土		灰色低地土	

図 II.46 土質，施肥法の違いが出穂期における根の形態へおよぼす影響（山口ら 2005）

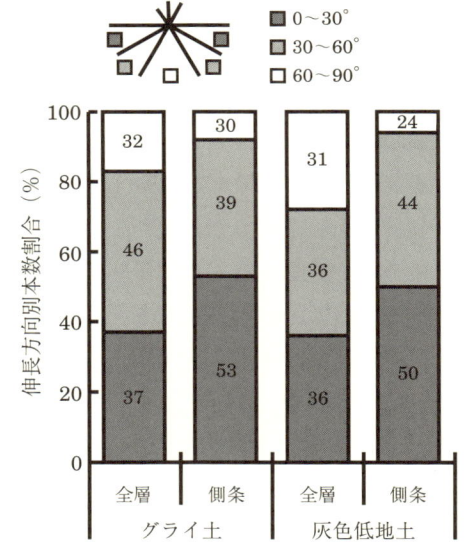

図 II.47 土質，施肥法の違いが出穂期の根の伸長方向におよぼす影響（山口ら 2006 改）
＊グラフ内の数字は根数

に伸長する根数が増加したためである．

c. 根の形態への影響

 出穂期の根の形態は，両土質ともに側条施肥は全層施肥に比べ直下根が少ない（図 II.46）．また，伸長方向も側条施肥は根が土壌表層近くに多く分布するのに対し，全層施肥は下層へ伸長する根の根重や割合が高い（図 II.47, 48）．下層根重およびその割合は土質により大きく異なり，グライ土区で低く，灰色低地土区で高い（図 II.48）．川田ら（1977）は，窒素施肥量が少ないと根域が大型化し，多いと逆に小型化すると報告している．この点より，地力が低い土壌ではT-R比が小さく，地力よりも肥料への依存度が高いため，とくに側条施肥で根の表層への分布が多くなると考えられる．

d. 窒素濃度と収量

 主要生育ステージごとの葉身窒素濃度は，地力の高いグライ土区で高い．また，側条施肥では6月上旬までの窒素濃度は高いが，最高分げつ期から幼穂形成期にかけて逆転し，以降成熟期まで全層施肥が高い（図 II.49）．湯浅ら（1986）も，側条施肥では初期生育が良好で有効茎の早期確保が容易であるが，中期以降栄養凋落的傾向を示すため，有効茎歩合が低下しやすいと指摘している．
 6月上旬頃までの根は比較的浅く，側条施肥では初期の窒素吸収量が多く窒素濃度も高い．しかし，最高分げつ期から幼穂形成期にかけて根が下層へ伸長するにつれて下層の窒素を吸収する．この結果，成熟期まで全層施肥で窒素濃度が高く推移すると考えられる．

 収量構成要素をみると，両土質とも全層施肥で穂数，籾数が多い．収量は，

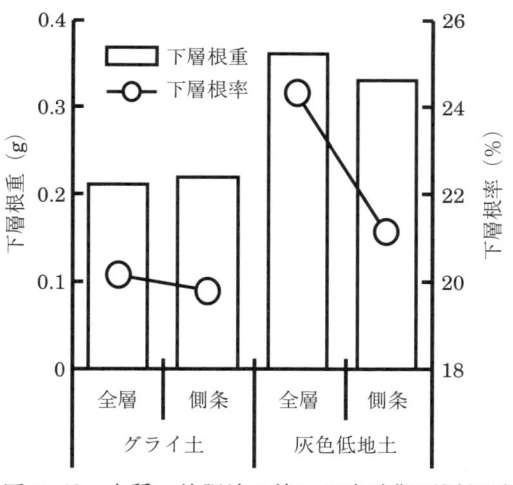

図 II.48 土質，施肥法の違いが出穂期下層根重（率）へおよぼす影響（山口ら2005改）

Ⅱ. 高温障害の生理・生態

籾数が過剰とならない範囲で窒素吸収が安定するグライ土区で高まる傾向がある（表Ⅱ.13）．

移植後の低温条件では，側条施肥による有効茎の早期確保は穂数の安定的増加につながっていた．しかし，高温年では土質に関係なく穂数，籾数が全層施肥に比べ少ない．その理由の一つとして，移植後の温暖化が側条施肥では分げつ過剰と生育凋落を助長し，穂数および籾数が減少しやすく，地力が低い条件でより顕著に現れるためと推測される．

e. 品質への影響

両土質に共通して側条施肥で背白・基白粒，茶米，奇形粒などが増加し，完全米率が低下した．とくに地力の低い灰色低地土区で著しい（図Ⅱ.50）．側条施肥は出穂時の直下根が少なく，表層の根量が多いため，登熟期間が高温乾燥条件となる場合は，養水分の地上部への供給が不安定化し，登熟と外観品質に影響する．また，幼穂形成期以降の稲体窒素濃度の低下も根の活力を低下させ，

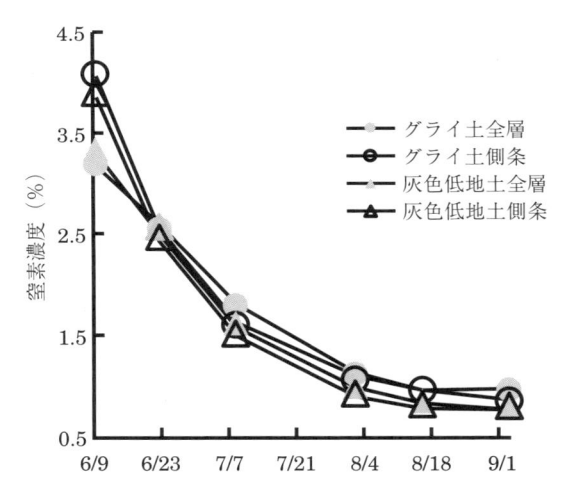

図Ⅱ.49 土質施肥法の違いが稲体窒素濃度におよぼす影響（山口ら 2006）

表Ⅱ.13 収量構成要素および玄米窒素濃度（山口ら 2006）

土壌	施肥法	穂数 本/m^2	総籾数 100粒/m^2	登熟歩合 %	千粒重 g	収量 g/m^2	玄米窒素濃度 %
グライ土	全層	415	346	77.0	21.6	532	1.39
	側条	405	328	81.3	21.9	561	1.29
灰色低地土	全層	395	300	84.3	22.1	551	1.19
	側条	393	287	86.4	22.1	525	1.15

登熟期間の窒素吸収と玄米への転流に影響して背白・基白粒の発生に関与する．玄米窒素濃度はグライ土区が灰色低地土区より高く，両土質ともに全層施肥でやや高い．

ところで，高温登熟問題が本格化するまでの品質低下要因は乳白粒が中心であった．乳白粒は，長戸ら（1965）および著者ら（2002）が示すように登熟前半の高温条件により発生が助長され，シンク-ソース比が大きい場合に発生しやすい．籾数が過剰である場合がその典型である．しかし，稲作期間を通した高温化と，側条施肥および基肥一括肥料の普及，および籾数低減のために施肥量を低減してきた結果，窒素栄養が不足気味となっている．とくに下層への根の伸長が少ない稲では，登熟後半まで稲体活力を維持できず，背白粒や基白粒などの白未熟粒の発生を助長していると推測される．

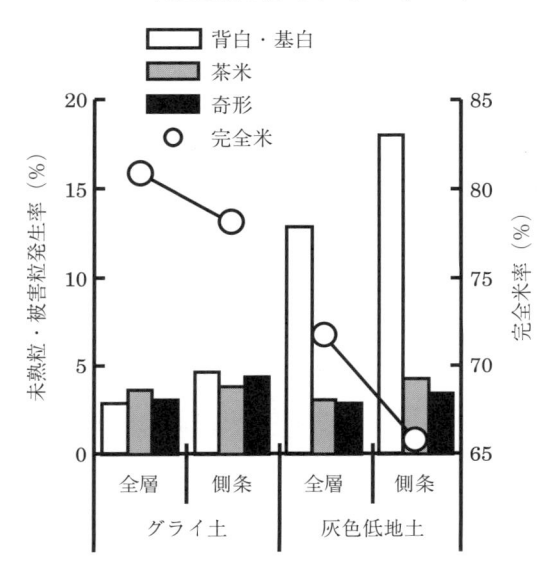

図 II.50 土質，施肥法の違いが品質におよぼす影響（山口ら 2005 改）

(6) 最後に

水稲根の量的，質的な経時変化についての研究は少ない．その理由の一つに，地下部よりも地上部優先的な概念が根本にあり，考察を複雑としているからである．根の形態は可塑性に富み，土壌の物理性や養分によって大きく変化する．施肥位置による根量の違いは，施肥窒素と根圏環境の影響を受けた結果である．この点より，目的に応じた具体的手法の開発により，ある程度根の分布域を推測して生育を制御できる可能性も示唆される．

現在，高温登熟による品質低下を軽減するための対策の一つとして，作期の遅延による高温登熟の回避が広く実施されている．しかし，気温の上昇は

年間を通して頻発し，それが地力窒素発現量へ影響し，水田の乾田化，浅耕化と相まって，水稲の生育パターンが変化している．高温登熟に耐えうる根の生育前歴条件として，初期生育を過剰とせずに，幼穂形成期から出穂期にかけての乾物増加量を高めることが想定された．登熟期間の稲体活力を保ち収量および品質を安定させるためには，今後も地上部および地下部の発育と機能維持に関する研究の重要性は高い．

8. 胴割れ米の発生と高温登熟

（1） はじめに

コメの胴割れは米粒の胚乳部分に亀裂を生じる現象で（図 II.51），精米時の砕米発生を助長するほか，外観品質や食味にも影響をおよぼすため，コメの生産流通場面で問題となっている．近年，気象変動の拡大に伴う水稲の高温登熟条件により，コメの品質低下が大きな問題として取り上げられるなか，胴割れの発生で品質が低下する年次や地域が増加している．加えて，生産物の収穫・乾燥調製作業の将来的な効率・低コスト・環境負荷軽減化，無洗米や発芽玄米加工時の胴割れ発生回避，等の観点から，胴割れを生じにくい粒質が求められている．このような背景のもと，コメの生産現場では胴割れ発生防止が緊急な課題になっており，将来の対策技術の確立に必要な基盤的研究への期待も高まっている．

（2） 胴割れの判定基準

胴割れは品位検査の際に被害粒として扱われる．判定基準は，ア）横1条の亀裂がすっきり通っている粒，イ）完全に通っていない亀裂が片面横に2条，他面からみて横2条の粒であって発生部位の異なる粒，ウ）完全に通っていない亀裂が片面横に3条以上生じている粒，エ）縦に亀裂を生じている粒，オ）亀甲型の亀裂を生じている粒，とされる．

一方，玄米に光を透過して観察すると，一見整粒に見えても，相当数の米粒の内部に軽微な亀裂が確認される（図 II.51）．軽微な胴割れは精米時の砕米発生への影響が小さいと考えられているが，胴割れを生じていない整粒と比較すると砕米発生が増える傾向にある．とくに醸造用玄米の場合は，搗精

図 Ⅱ.51　コメの胴割れ
一見整粒にみえても（左），光を当てると玄米内部に軽微な割れを生じている（右，矢印）.

程度が一般食用米よりも強いため，軽微な亀裂も砕米になりやすいことから，亀裂の程度を問わず被害粒として扱われる．このような軽微な胴割れを含む全胴割れ粒率と品位検査における胴割れ判定粒率との間には一定の関係が認められ，全胴割れ粒率で 30 % 程度を越えると検査による胴割れ判定粒率も増加する（図 Ⅱ.52）.

（3）なぜ米粒に亀裂が生じるか

コメの胴割れは，登熟が進み籾含水率が低下して硬度の増した米粒が，気象条件や乾燥調整等による吸湿や放湿のために内部水分分布の不均衡を生じ，米粒内での部位別膨縮差が大きくなることによって発生することが報告されている．すなわち，米粒は外界の湿度に敏感に反応して水分を吸収・放出するが，玄米における水分の出入りは胚と胚乳の境界付近にある「胚盤」と呼ばれる部分で最も早く行われるため，胚盤付近の胚乳の膨脹や収縮は他の胚乳部分より早く進む．完熟した米粒は硬いため，そのような膨縮が急激に生じると内部に圧力の不均衡が生じ，それに耐えきれなくなった米粒に内部亀裂が生じてしまう，という過程が考えられている．

このような発生メカニズムを背景に，胴割れ米の発生助長要因に関する過去の研究は，登熟全般の高温条件等による籾含水率の低下，籾含水率が低い条件下での降雨，収穫日前後の複雑な気象条件，収穫後の乾燥調製条件等，登熟後期以降の籾含水率の低下と籾内の急激な水分含量の変化に視点を置い

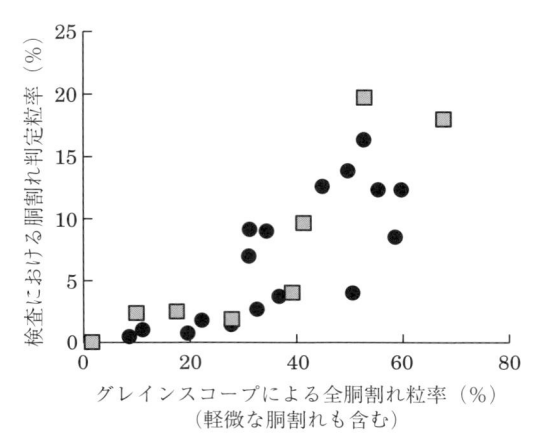

図 II.52 グレインスコープによる全胴割れ粒率と品位検査における胴割れ判定粒率との関係
四角：2002 年産複数品種試料，農政事務所による判定．
丸：2004 年産コシヒカリ，S 社穀粒判別器による判定．

た解析が多い．また，生産現場でも早期落水の回避や適期刈り取り，適切な乾燥条件の設定など，登熟後期から収穫期以降の生産管理がこれまで重要視されてきた．

（4）登熟初期の気温と胴割れとの関係

一方，胴割れ発生とイネの生育期間中の気象条件との関係を調べてみると，意外にも登熟初期の気象条件の関与を示唆する結果が近年得られてきた．圃場試験における胴割れ発生の解析から，出穂後 10 日間という登熟初期の気温，とくに日最高気温が高いほど胴割れ率が増えることが分かった（図 II.53）．ポット試験による詳細な解析では，とくに開花後 6〜10 日の期間に高温処理を行うと胴割れが著しく増加すること，この時期の穎果は最終穎果重の 3〜28 % 程度の発育段階にあることが明らかにされた（図 II.54）．以上の結果は，穎果発育の初期段階における限られた時期の気温条件が，登熟が進んだ段階で生じる胴割れの発生程度に関与している可能性を強く示唆している．高温登熟条件下での乳白粒発生との違いを比較整理すると，胴割れ発生を助長する条件の特徴として，出穂後 10 日間（開花後 6〜10 日頃）といった登熟初期段階の限られた期間中の高温の影響が強いこと，とくに最高気温の影響が大きく，強勢穎果（穂のなかでも枝梗の先端部近くに着生し，発育が早く進む穎果）での発生が多いこと，等が挙げられる（表 II.14）．

登熟初期の気温条件が胴割れに影響する原因については，現在まだ十分に明らかにされていない．胴割れ発生に強く影響する開花後 6〜10 日頃の時

期は，籾殻の中にある若い穎果の粒長方向への伸長がほぼ終わり，粒幅，粒厚方向への肥大が盛んとなって，粒重が急激な増加を開始する生育ステージに相当する．穎果の内部は，胚乳部の細胞分裂が続いているのと同時に，デンプン蓄積が開始している状態にある．このことから，登熟初期における高温条件が米粒内部の胚乳構造やデンプン蓄積特性

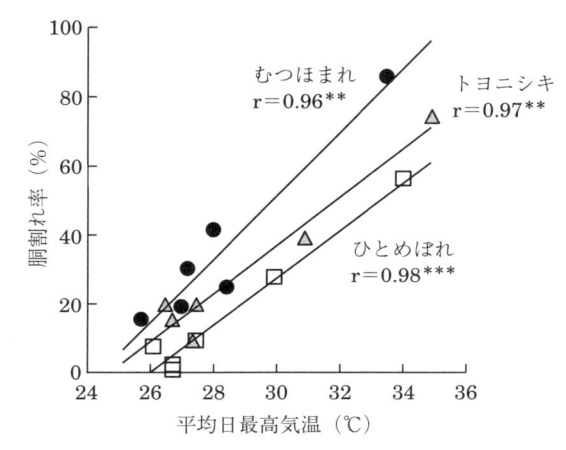

図 II.53 出穂後 1～10 日の平均日最高気温と胴割れ率との関係（圃場試験）
1997 年～2001 年および 2003 年の圃場試験データを用いた．＊＊，＊＊＊：それぞれ 1 ％および 0.1 ％水準で有意．胴割れ率：軽微なものを含む全胴割れ粒率（以下の図，同じ）．

などに影響をおよぼし，胴割れを生じやすい粒質にしている可能性が考えられる．最近，走査電子顕微鏡を用いた内部構造の解析により，胴割れを生じた米粒では，胚乳内に蓄積したデンプン粒表面の皺やアミロプラスト表面の凹みなど，デンプン粒の収縮が高頻度で観察された．胴割れ発生メカニズムの解明に向けた今後の研究進展が期待される．

（5）高温登熟条件下の胴割れ発生軽減にむけた育種・栽培的対策

① 育種的対策

胴割れ発生軽減への対策の一つとして，品種としての胴割れ耐性の強化が挙げられる．胴割れは遺伝形質であり，胴割れ易品種の後代品種は，親品種と同様に胴割れが生じやすい傾向にある．とくに，ア）登熟が早い，イ）粒厚が厚い，ウ）粘りの弱い米粒デンプン特性，といった性質を持つ品種で胴割れ発生が多いと報告されている．このような品種間差の存在が示される一

II. 高温障害の生理・生態

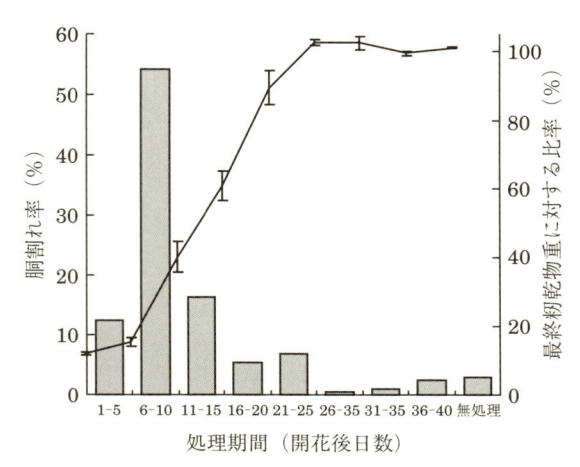

図 II.54 登熟期間中に高温処理した水稲玄米の胴割れ率（棒線）と無処理区の籾乾物重の推移（折れ線）（ポット試験）
品種：ひとめぼれ．円形 20 粒播種し，主稈のみで生育させた 1/5000 a ワグネルポットを，出穂期以降は人工気象室内で管理した．高温処理条件は昼 30℃/夜 25℃ とし，その他の時期は 25℃/20℃ とした．折れ線上の縦棒は標準誤差．

表 II.14 乳白粒と胴割れ粒における発生を助長する条件の違い

	乳白粒	胴割れ粒
関与する生育時期	出穂後 2〜3 週間程度	出穂後 10 日間程度 （開花後 6〜10 日頃）
気象条件	高温, 寡照 （特に最低気温）	高温, 多照特に最高気温
穎果の着生位置	枝梗の基部側 （弱勢穎果）	枝梗の先端側 （強勢穎果）

方，従来より胴割れが比較的生じにくいとされてきた良食味品種「コシヒカリ」でも，近年の高温登熟条件下では発生が顕在化してきている．したがって，品種としての胴割れ耐性をさらに強化するために有用な遺伝資源の探索やその遺伝特性について，今後の早急な検討が望まれる．

醸造用米の胴割れ発生も生産流通場面では大きな問題となっている．醸造用米は，胚乳内のデンプン蓄積が粗であり構造的に脆い性質を持つ心白が米粒内部に存在するため，胴割れを生じやすい．心白の大きさや形状，胚乳組

織構造等によって胴割れ発生程度に差が生じることから，胴割れを生じにくい心白性状を持つ品種育成が行われているほか，近年では「蔵の華」など心白の発生が少ない醸造用品種の開発も進められている．

② 栽培的対策

胴割れの発生を軽減する栽培管理対策として，登熟後期の籾含水率の過剰な低下を防ぐために，圃場の早期落水の回避や適期刈り取りの励行，刈り遅れ防止，等が従来から指導されてきた．これに加えて，近年頻発する高温登熟条件下では，胴割れを生じにくい粒質にする対策を講じる必要がある．上述したように登熟初期段階の温度条件が胴割れ発生に関与することから，登熟初期に注目した栽培法の工夫で，収穫期の胴割れ米発生を軽減できる可能性が高い．その具体的な対策手法の開発が早急に望まれる．

まず，登熟初期が高温とならない作期の選択は，胴割れ発生を軽減するために有効な方法である．また，用水かけ流し管理により登熟初期における圃場内水温や地温を下げることで，胴割れ発生が軽減することが確認されている（図Ⅱ.55）．さらに，施肥条件も胴割れ発生に関係する可能性が最近指摘されている．とくに，登熟期の葉色値が低下すると胴割れが増加する傾向にあることから，胴割れ抑制のための肥培管理法確立に向けた検討が進められている．そして，登熟期の気象条件や葉色を指標とした胴割れ発生予測法の開発や，登熟途中の穂を用いた胴割れ発生程度の早期簡易評価の可能性についても研究が進められ，胴割れ危険度の早期予測による事後対策の徹底指導等への活用も検討されている．このように近

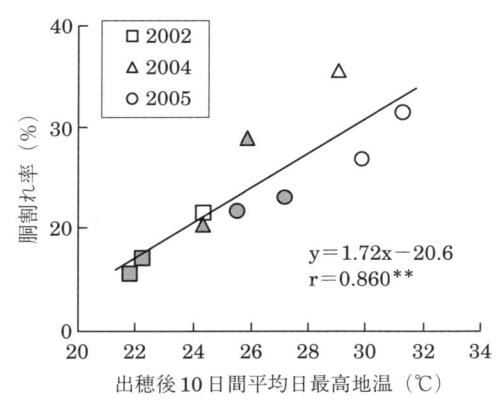

図Ⅱ.55　出穂後10日間の圃場内地温と胴割れ率との関係（長田ら2005より作成）
品種：あきたこまち．黒塗りは各年次において用水かけ流しを行った区．

$y = 1.72x - 20.6$
$r = 0.860^{**}$

年明らかにされてきている新しい知見を従来からの管理法に加えていくことで，高温登熟条件下でも胴割れを生じにくい栽培管理法が今後さらに確立していくものと期待される．

9．水稲の高温登熟障害発生要因と対策技術開発の現状

（1）はじめに

近年全国的に高温によるコメの外観品質の低下，とくに白未熟粒（ここでは乳白粒，背白粒，基白粒などの総称として用いる）や充実不足粒の発生が問題として大きくとり挙げられるようになっている．近年の日本の高温化傾向と地球温暖化の関連を想定すると，高温に対するイネの生理反応を理解し対策技術を開発していくことは長期的にも重要なイネ研究の課題と思われる．高温登熟ストレスについては低温障害に比較して研究の蓄積が少ないのに加え多数の気象・栽培要因が絡んでいることが問題の解決を複雑にしている．このため，高温障害の発生の生理メカニズムや原因遺伝子の解明などの基礎研究から現場での要因把握・技術評価まで幅広い分野間で協調しながら研究を進めていくことが必要である．ここでは主に白未熟粒の発生要因，生理メカニズム，栽培対策，とくに窒素との関係について概観し，研究課題を述べたい．

（2）白未熟粒発生状況

白未熟粒の発生が登熟初中期の高温と最も関係が強いことは多くの報告で一致している．全国の水稲作況標本地点の2001〜2004年の4年間のデータを用いた解析結果でも，「コシヒカリ」の乳白粒・基白粒の発生は出穂後0〜20日前後の気温と最も相関が高かった．一方でこれらの相関は比較的低いこと（気温に対するばらつきが大きい）ことからこの期間の気温では説明できない部分も多くあることが示唆される．同一気温域でも乳白粒の発生が高い場合に出穂後の日射量が低いことや籾数が高いことが見られ，これらの要因が発生を助長していることが示唆される．また，とくに乳白粒発生への出穂前の温度条件の影響についても籾数，出穂の早晩化，炭水化物蓄積量などへの影響に着目して解析が必要と思われる．登熟期の低窒素状態が白未熟

粒，とくに背白・基白粒の発生を助長することも多く報告されており（高橋2006など）栽培面からは窒素管理の改善が重要である．

地域別に出穂後0～20日の日平均気温をみると26℃以上の場合が北陸，東海，九州地域では50～60％，関東地域では29％，甲信地域では8％となっている（図Ⅱ.56）．また東海地域では28℃を越える頻度が他地域よりもやや高い．これらより甲信地域以外では26℃を超える高温域での正常な登熟の確保が重要な課題であることが推察される．地域別に登熟期間の白未熟粒発生との関係を比較してみると東海，北陸などでは気温との相関が比較的高いことより（図Ⅱ.57），これらの地域では気温の影響が相対的に高いと推察される．東海地域で気温との相関が比較的高いことは28℃以上の高温の場合が多いことにも関係すると思われる．一方，九州や関東地域では気温との相関が比較的低いことより発生要因はより複雑と推察される．その一因としてはこれらの地域では低日射が発生を助長している面が大きいことが推察された．

気温以外の気象要因についてもその影響把握が必要と思われる．高温の水稲登熟への影響は直接には主に穂温度を介していると考えられることから風の影響は興味深いテーマであろう．風条件と穂温度，白未熟の発生の関係について検証とメカニズムの解明が期待される．以上の結果は限られた4年次から得られたものであり，より長い期間について栽培・土壌条件を含めて実際の水田で重要な発生要因がさらに正確に把握されることが期待される．

（3）生理メカニズム

白未熟粒タイプ別の違い，とくに乳白粒と

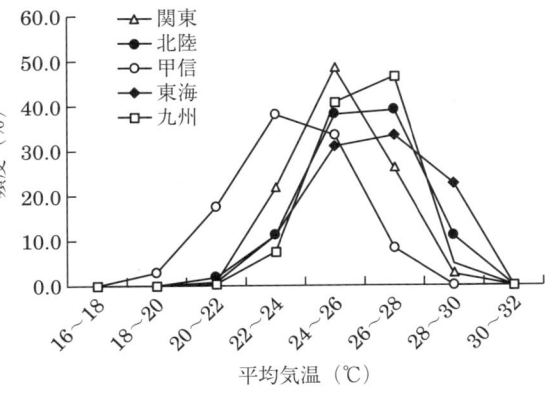

図Ⅱ.56 地域別の出穂後20日間の平均気温（2001～2004）

Ⅱ. 高温障害の生理・生態

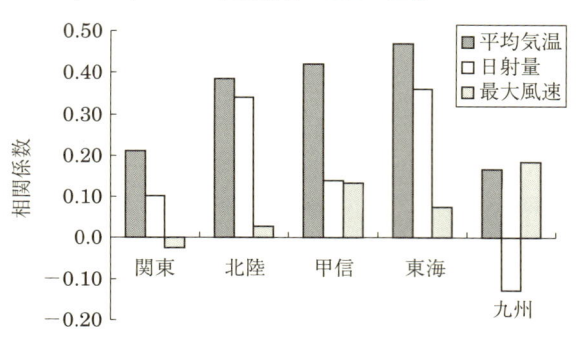

図 Ⅱ.57 地域別の白未熟発生率と気象要因の相関（2001～2004）

背白・基白粒の発生環境の違いが整理されてきている．前述のように乳白粒については高温に加えて高籾数と低日射が主要な助長要因となっている．これらの状況より乳白粒発生の生理的要因としては高温による穎花の肥大の加速とデンプン合成基質の競合の増加により胚乳内で一時的・局所的に基質が不足することが引き金であると想定される．一方，背白・基白粒の発生は乳白粒より温度依存性が高く出穂後の高温に起因する部分が大きいと思われる．また登熟期間の稲体の窒素含有率が低い場合に発生が助長されやすい．これらの状況より背白・基白粒の発生は登熟後期のデンプン蓄積能の低下や異常に関係すると推察される．

このように大まかな発生状況，要因は明らかになってきているが，なぜ胚乳の一部が白濁するのか，その詳細については明確になっていない（近藤ら 2005）．白濁部の形成が胚乳内でのデンプン蓄積の量的な低下によるのか，あるいはデンプン特性やアミロプラストの構造の変化に原因があるのか，について検討が進められている．高温によりアミロース合成酵素遺伝子 *GBSSI* やアミロペクチン合成・枝付けに関与する *BEIIb* 遺伝子発現の低下が見られている．これらの変化はアミロース含量の低下やアミロペクチン鎖長の変化を起こす可能性があるが，このようなデンプン特性と白濁の関係の検証が期待される．一方，デンプン分解に関与するアミラーゼ活性の上昇もみられている．登熟初中期において穂は最も呼吸活性の高い部位であり，穂での呼吸がデンプン合成基質レベルやデンプン分解へおよぼす影響は興味深い点である．高温によるデンプン合成・分解関連の遺伝子発現の変化が温度による直接の影響によるのか，あるいは基質の供給レベルなどを通した間接

的な結果であるのか明らかにすることにより高温による登熟過程の変化の全体像が解明されることが期待される．また白未熟粒発生は最高気温に比べ最低気温との相関が高い．光合成が低下する夜間は蓄積炭水化物が主なデンプン合成炭素源となることより，夜間の基質供給とデンプン合成の関係についての解明も求められる．

（4）栽培対策

栽培技術的対策の方向としては，登熟期間中の気温や稲体の温度を低下させる，籾数と登熟期の栄養状態を適切に維持する，早期落水を避けるなど登熟を維持・向上する土壌環境の形成を促す，にまとめられる（日本作物学会シンポジウム記事2005，松村2005など）．これらを達成するための技術対策が作期移動，植え付け方法，施肥・土壌管理法，水管理法に求められる．具体的な作期の移動の目安としては出穂後10〜20日の平均気温が26〜27℃を下回るように移植適期を設定している地域が多い．こうした基準に基づき早植え地帯，西日本の普通期栽培地帯においては移植時期の遅延により品質向上が図られている．移植時期を遅らせることは，過剰な初期生育や籾数の制御を通して高温への耐性を高める効果もあると考えられる．一方，作期の移動には気温の低下にともなう日射量の低下や秋雨への遭遇の増加，大規模経営における作業分散，水利などの面からの課題・限界があることも指摘されている．今後さらに最適な作期の策定には，出穂期前の気象条件についての考慮も必要と思われる．

（5）窒素施肥法の改善

白未熟粒，とくに背白・基白粒の発生が登熟期の低窒素状態によって発生が助長されることが明らかになり窒素管理法の改善が急がれている．好適な窒素状態による白未熟粒発生抑制機構としては光合成能の促進，転流・転送器官の老化の抑制などが想定される．近年窒素施肥量は全国的に減少する傾向にある．その要因としては食味重視のコメの低タンパク化があると考えられる．このため高温対策のための窒素施肥法の改善には品質と食味の両立が大きな課題となる（近藤2007）．窒素施肥改善の方向は，主に乳白粒を対象とした籾数の制御と背白・基白粒を対象とした登熟期の植物体の適正な窒素

レベルの維持の二つからなる．従来より「コシヒカリ」を中心に主に幼穂形成期の葉色・茎数を指標として，倒伏を避けながら籾数，収量を確保しコメのタンパク含有率を制御するための施肥診断法が多くの地域で確立されている．これらの診断に加え高温下での品質低下を考慮した施肥時期・量の目標の設定が進められている．コシヒカリでの目標の籾数・収量は多くの地域でそれぞれ 26,000～32,000 粒/m^2，480～540 kg/10 a の範囲にある．各地域で確立・検討されている窒素施肥法でほぼ共通している点は，初期の施肥を抑制する一方幼穂形成期以降の施肥と植物体の窒素状態の維持に重点をおいていることである．初期の施肥の抑制は過剰分げつを抑え籾数を制御することや，高い初期乾物生産による幼穂形成期の稲体の窒素含有率の急激な低下を防ぐことが目的である．

穂肥の時期・量については，籾数を過度に増加させずに登熟期の葉色を高めるために遅めに設定する，あるいは後期穂肥に重点をおいている場合が多い．従来の 2 回の穂肥をまとめて 1 回にしている地域もみられる．ただし後期穂肥量をあまり高めたり出穂期近くまで遅らせた場合，玄米タンパク含有率の上昇が懸念される．このため幼穂形成期以降植物体の窒素状態をある程度高く維持しておくことが必要である．幼穂形成期～出穂期の地上部の窒素状態の維持は根系発達の促進を通して登熟期間中の根機能を高める効果もあると思われる．

食味と品質を両立するための具体的な窒素施肥指標については今後さらに検討が必要である．食味維持のための玄米タンパク含有率の上限は多くの地域で 6.5 ％前後に設定されている．一方，これまで得られているコシヒカリでの出穂期前後の葉色と背白・基白粒発生との関係（坂田 2006，高橋 2006）から，葉色（SPAD値）の下限閾値を 33～34 程度以上とすることは，一般的にはこの両者を両立させるのは容易ではないと推察される．玄米タンパク含量は葉中窒素レベルだけでなく籾数と茎葉部のバランスにも影響されることより，今後籾数も加味した登熟期の窒素状態の指標をより明確にする必要がある．また米中タンパク含有率を高めずに登熟を促進し品質を維持する栽培管理技術の増強は不可欠である．ケイ酸の供給や土壌環境を通した登熟向上

条件の解明は重要な課題である．施肥面では肥効調節型窒素肥料の利用は注目される．肥効調節型窒素は葉の窒素状態を安定化しながら穂への窒素の転流を低く抑えるために有効である可能性があり，吸収窒素の体内動態と品質への影響の検証が期待される．

以上のように食味と外観品質を両立する窒素管理には難しい面も残されるが，玄米タンパク含有率が極度に低い場合には食味，外観品質両方にとってマイナス面が大きいことから（吉永・福田 2007 など），極度の低窒素栽培に陥らないようにまず留意すべきと思われる．一方で，平均気温で 28℃ 以上の高温域では窒素状態の改善による白未熟粒発生軽減効果は十分ではないと考えられることから，引き続き作期の移動など窒素施肥法以外の対策の強化も求められる．米中タンパク含有率が上昇しにくい品種の開発も長期的には有用であろう．

（6）今後の課題

高温への外観品質・収量の反応には品種間差異が認められているがその遺伝・生理要因の解明が待たれる．高温による白未熟粒発生や粒重の低下の根本的な要因の一つは生育ステージの加速にあると考えられる．このため高温に対する生育ステージの反応についての品種間差異の検討は有効と思われる．さらにすでに乳白粒発生では重要な要因となっていると思われる低日射対策についは研究蓄積が少ない．高温にともなう低日射は品質，収量に大きな影響をおよぼす．低日射に対する対策は難題であるが，作期策定や品種間差異の解析を含めた基盤的研究の強化が期待される．

１０．高温登熟と食味

コメはほとんどが炊飯米として消費され，その品質は原料米に左右されるところが大きい．高温登熟で引き起こされる白未熟粒の発生による外観品質の低下は生産者の問題であるが，流通・加工を含めた消費者にとっての品質は主に炊飯米の食味である．ここでは高温登熟が食味あるいはその構成要因および評価指標値に与える影響について説明する．

炊飯米を食べて評価判断を下すのは人間であるので，食味評価の最も基準

的な方法が官能評価法である．通常，パネラーの五感により総合・外観・香り・味・硬さ・粘りなどの項目を点数化し，複数のパネラーによる結果を統計処理することにより多面的に評価される．一般に，登熟温度の最適温度は22度から25度付近であると言われており，高温年産米の食味評価は低くなる（寺島ら 2001）．九州産米を用いた研究では熟期温度に対する食味評価値は25℃付近を頂点とする二次曲線の関係にあり，その食味変動幅には品種間の差異があり，とくに極早生あるいは早生品種の温度変化に対する食味の分散が大きいことが示されている（佐藤ら 2005）．官能評価法には同一年度産の基準米を用い相対評価を得る場合が多い．登熟温度の影響を明確にするために基準米の高温への暴露が回避される等，厳密に制御された実験方法が必要となろう．

　理化学評価法も官能評価法と並ぶ重要な指標として用いられる．官能評価法に精度は劣るが，機器による客観的な測定結果が異なる年度産間あるいは遠隔地間での評価を可能にする．1）食味に関連する化学成分（アミロースやタンパク質）を測定する，2）米粉の糊化特性を測定する，3）炊飯米の物理特性を直接測定する方法の三つに大別して説明する．

　コメの化学成分のうち大部分を占めるのがデンプンである．デンプンは直鎖状のアミロースと樹枝状のアミロペクチンの2成分からなる．高温区ではアミロース含量が低下する（茶村ら 1979, Asaoka *et al.* 1984, De la Cruz *et al.* 1989, Tamaki *et al.* 1989 a, 寺島ら 2001, 和田ら 2002）が，これは高温区においては初中期のデンプン蓄積が多く（Sato 1971），初中期の蓄積が多いとされるアミロペクチンが相対的に多くなったことが原因の一つである．登熟期間の気温はアミロペクチンの量的変化と同時に質的変化も引き起こす．アミロペクチン分枝状側鎖において，高温区では長いB鎖の増加と短鎖の減少（Asaoka *et al.* 1984），あるいはDP 39前後の側鎖の増加とDP 16前後の側鎖の減少（Aboubacar *et al.* 2006）が報告されている．アルカリ水溶液中での精白米の膨潤崩壊性（アルカリ崩壊度）はデンプンの性質に由来（江幡 1968）しコメの食味に関わっているが，高温区のデンプンは崩壊しがたく，アミロペクチンの分枝状側鎖が長くなり複雑な構造を持つことによ

るものと考えられている（茶村ら 1979）．アミロース含量と食味評価の負の相関関係（稲津 1988）では高温登熟米の食味低下を説明できないことから，アミロペクチンの化学構造変化の影響が大きいと言えよう．熟期高温化によるアミロペクチン構造変化が食味におよぼす作用機作が十分に明らかにされることが期待される．タンパク質含量は食味と負の相関を示す（山下・藤本 1974，石間ら 1974，小山ら 1991）ことから，食味関連成分としてタンパク質も挙げられ，登熟期の高温化によりタンパク質含量は高くなる傾向にある（本庄 1971，前重 1981，Tamaki et al. 1989a，寺島ら 2001，和田ら 2002）．ただし，高温年は多照年となることが多く，良好な登熟がタンパク質含量を低下させる場合もあり，高温登熟米の食味判断指標にタンパク質含量を用いるには一定の留意が必要になろう．コメの主要成分である脂質のうち結合脂質は食味に関連する成分であるが，高温登熟による影響は見られない（Tamaki et al. 1989a）．その他微量成分では，遊離アミノ酸は呈味成分であり，良食味米はグルタミン酸量が高い（岡崎・沖 1961，高野・野津 1961，富田ら 1974）．熟期の高温化により遊離アミノ酸量は精米中および炊飯米液中ともに減少することが知られている（Tamaki et al. 1989b）ことから高温登熟米の味が悪いことが説明できる．ミネラル成分も食味に関与しており（堀野 1990），玄米あるいは精米中でもっとも多く含まれる P はフィチン態が多い．糖エステルとして米粒に運ばれたリン酸がデンプン合成の際に遊離してフィチンとなるので高温区での初中期のデンプン蓄積増加（Sato 1971）と連動して多くなる（茶村ら 1973）．また，Mg/K は食味と正の相関を示す（岡本ら 1992）．玄米中のミネラル成分のうちイネ全体に対する含有割合は高温区では Mg は減少し，K は増加するが，そのことにより，Mg/K 値が低下する（山田・勝見 1987）．酒米においても高温区での K 上昇が見られる（小関ら 2004）．高温登熟による食味の低下の指標としてミネラル成分も有効であるかもしれない．

　コメの糊化特性試験は，アミログラムあるいはラピッドビスコアナライザーが用いられる．水に分散させた米粉を一定速度で撹拌しながら温度を変化させ，その時に得られる粘度変化を連続的に測定する．米粉の加熱時の膨

潤糊化および冷却時の老化過程で得られるいくつかの糊化特性値を評価する．最高粘度の高いコメが好まれる傾向にある（谷ら1969）が，高温区では最高粘度は高まる（堀内ら1965，前重1984）．ブレークダウンは大きいほど食味が優れ（谷ら1969，西村ら1985，松江ら1989），高温区ではブレークダウンは増加する（堀内ら1965，茶村ら1979，前重1983，前重1984，西村ら1985）．デンプンのアミロース含量が低いほど最高粘度は高く（Hizukuri 1969），その影響でブレークダウンも増加したと思われる．ただし，高温寡照の1999年産米はブレークダウンの低下を示し，これは気温以外の影響が大きいと結論づけられている（和田ら2002）．いずれにしても，最高粘度，ブレークダウン両者の糊化特性値は高温登熟米の食味評価としては利用できない．また，良食味米の糊化開始温度は低い傾向にあるが，高温区では高い（前重1984，Aboubacar *et al.* 2006）．また，最終粘度が高く，コンシステンシーが大きいコメはデンプンの老化が起こりやすいと言われているが，高温区では最終粘度が高い（前重1984）．コンシステンシーは糊化デンプンのゲル化と結晶化により生じ，デンプン分子の直砂上部分が長いほどゲル化し易い（Hizukuri 1969）が，アミロペクチンの鎖長分布はデンプンの糊化特性を決める重要な要因であり，短鎖の減少（Aboubacar *et al.* 2006）によりデンプンの結晶性は増加する（Vandeputte *et al.* 2003）．いずれにしても，デンプンの糊化特性にはアミロース含量よりも，アミロペクチンの分子構造や鎖長が強く影響する（Nakamura *et al.* 2002）．余談ではあるが，餅の加工性は硬化速度が速いほど良いとされ，硬化速度は糊化開始温度と関係が深く（柳瀬ら1982），高温登熟により餅硬化速度が速くなる（松江ら2002）．しかしながら，近年の高すぎる登熟気温に対応するため，硬化速度が登熟温度に左右されない品種も開発されつつある（小林ら2003）．

炊飯米の食味はテクスチャー（食感）によるところが大きいが，テクスチャー特性を直接測定する装置がテクスチャーアナライザーあるいはテンシプレッサーである．咀嚼現象をプランジャーと受け皿により模倣し，プランジャーによる圧縮時およびプランジャー引き上げ時に炊飯米にかかる応力を測定することにより，飯を食べた時の感覚に対応させている．H/A3および

H/-Hが小さいほど食味が優れる傾向にあり（遠藤ら1980），高温区ではH/-Hは低下する（稲津1988，佐藤ら2005）ことから高温登熟による食味低下の有効な指標として利用できる（佐藤ら2005）．また，粘り（A3）はもっとも重要なファクターであり（大坪1999），全国各地のコシヒカリでは登熟期間の平均気温が25.4℃でもっとも粘りが強くそれ以上では粘りが弱い（岡本1994）．一粒毎のテクスチャー特性の分析（岡留ら1996）では圧縮率25％による炊飯米表層の粘り（A3）は登熟温度と負の相関を示した（奥西・山川2006）．アミロース含量は白米表層では約10％と低く，内層へ向かうにしたがって高まり，中心部ではおよそ20％の水準にまで上昇する（堀野・梶本1989）ことから，テクスチャー特性もアミロペクチンの側鎖長変化の影響を大きく受けていると思われる．

　高温登熟が食味に影響を与えるその他の要因として，過熟米のアミログラム特性（前重1983），粘り（山川ら1978）あるいはテクスチャー特性（江幡ら1982，松江ら1991）の食味要因劣化が考えられる．高温区では登熟時の米粒の重量増加が速い（Jiang *et al.* 2003, Morita *et al.* 2005）ことから同じ登熟日数でも登熟段階が進んでおり相対的に遅刈りであるといえるが，このことも高温登熟米の食味低下に影響を与えているかもしれない．

　高温登熟が食味に与える影響について食味構成要因に分けて説明したが，それぞれの要因は単独で作用しているのではなく相互に密接に関連し合っている．また，玄米の形状の違い（乳白米，未熟，死米等）によって精米の理化学的特性値は大きく異なることが明らかとなり，デンプン蓄積量の差による千粒重の違いが大きく影響していることが判明した（松江・尾形1997）．また，粒厚が薄いコメほど糊化特性値あるいはテクスチャー特性値が不良である（Matsue *et al.* 2001）など玄米形状と食味要因も相互に関連が深い．高温登熟による食味要因の問題は玄米の外観品質の問題と表裏一体と言えよう．

参 考 文 献

1. 高温耐性品種育成における育種の現状と課題

鮑根　良・小林麻子・冨田　桂 2004. イネの玄米品質に関する QTL 解析. 育種学研究 6（別 1）: 237.

蛯谷武志・福田真紀子・山本良孝 2005. イネ第 5 染色体に座乗する玄米外観品質に関わる QTL の遺伝分析. 北陸作物学会報 41（別号）: 10.

蛯谷武志・山本良孝・矢野昌裕・舟根政治 2005. インド型品種 Kasalath がもつコシヒカリの玄米外観品質を向上させる QTL の解析. 日作紀 74（別 2）: 290-291.

Ebitani, T., Y. Takeuchi, Y. Nonoue, T. Yamamoto, K. Takeuchi and M. Yano 2005. Construction and evaluation of chromosome segment substitution lines carrying overlapping chromosome segments of indica rice cultivar 'Kasalath' in a genetic background of japonica elite cultivar 'Koshihikari'. Breeding Science 55: 65-73.

蛯谷武志・山本良孝・表野元保・矢野昌裕・舟根政治 2006. イネ第 5 染色体に座乗する玄米外観品質に関与する遺伝子座の連鎖解析. 育種学研究 8（別 1）: 177.

福井清美・桑原浩和・佐藤光徳 2002. 水稲品種系統の高温登熟性検定について. 九州農業研究 64: 8.

橋本良一・松本範裕・山下啓二 1989.「能登ひかり」の非腹白突然変異体の誘発. 北陸作物学会報 24: 8-10.

He, P., Li, S. G., Qian, Q., Ma, Y. Q., Li, J. Z., Wang, W. M., Chen, Y. and L. H. Zhu 1999. Genetic analysis of rice grain quality. Theor Appl Genet 98: 502-508.

本間香貴・娜　日蘇・金村知美・大角荘弘・堀江　武・白岩立彦・江花薫子・宇賀優作・小島洋一郎・福岡修一 2005. 世界のイネ・コアコレクションを用いた収量関連形質の遺伝的多様性の解析 第 1 報 2004 年京都における乾物生産・収量の多様性. 日作紀 74（別 2）: 236-237.

堀内久満 2001. 品種からみた高温登熟性. 北陸作物学会報 36: 95-99.

星　豊一・阿部聖一・石崎和彦・重山博信・小林和幸・平尾賢一・松井崇晃・東　聡志・樋口恭子・田村隆夫・浅井善広・中嶋健一・原田　惇・小関幹夫・佐々木行雄・阿部徳文・近藤　敬・金山　洋 2004. 新しい選抜法による高温登熟性に優れた良食味水稲早生品種「こしいぶき」の育成. 北陸作物学会報 39: 1-4.

飯田幸彦・横田国夫・桐原俊明・須賀立夫 2002. 温室と高温年の圃場で栽培した水稲における玄米品質低下程度の比較. 日作紀 71（2）: 174-177.

池上勝・吉田晋弥・中村千春・上島脩志 2003. 選抜反応から推定した酒米品種「山田錦」の心白発現の遺伝率. 育種学研究 5: 9-15.

石崎和彦 2006. 水稲の高温登熟性に関する検定法の評価と基準品種の選定. 日作紀 75（4）: 502-506.

参考文献

伊藤隆二・櫛渕欽也・谷口 晋・中根 晃 1965. 水稲の見かけの品質の遺伝と育種. 農事試験場研究報告 7 : 21-25.

上島脩志・山本仁・中西恵子 1981. 酒米に関する育種学的研究 II. F_2 集団における心白発現率, 玄米粒重および稈長の分離と, それらの諸形質間の相互関係. 神大農研報 14 : 265-272.

関東東海北陸農業試験研究推進会議 2005. 北陸地域を対象とした早生水稲の高温登熟性検定基準品種の選定. 関東東海北陸農業研究成果情報 平成 16 年度 III : 238-239.

重山博信・伊藤喜美子・阿部聖一・小林和幸・平尾賢一・松井崇晃・星 豊一 1999. 新潟県における水稲品種の品質・食味の向上 (第 16 報) 水稲の高温水かんがいによる高温登熟性の検定. 北陸作物学会報 34 : 21-23.

Kojima, Y., K. Ebana, S. Fukuoka, T. Nagamine and M. Kawase 2005. Development of an RFLP-based rice diversity research set of germplasm. Breeding Science 55 : 431-440.

小牧有三・笹原英樹・上原泰樹 2002. ビニルハウスによる高温条件下での登熟に関する早生水稲の品種間差. 北陸作物学会報 37 : 12-16.

Li, Z. F., Wan, J. M., Xia, J. F.and H. Q. Zhai, 2003. Mapping quantitative trait loci underlying appearance quality of rice grains (Oryza sativa L.). Acta Genetica Sinica. 30 : 251-259.

Matsui, T., K. Kobayashi, H. Kagata, and T. Horie 2005. Correlation between viability of pollination and length of basal dehiscence of the theca in rice under a hot-and-humid condition. Plant Prod. Sci. 8 (2) : 17-22.

松村 修・山口弘道 2006. 大規模稲作経営における夏期高温年の水稲出穂期の集中が米の外観品質におよぼす影響. 中央農研研究報告 7 : 25-37.

松村 修 2006. 高温登熟性を向上する. 農業および園芸 81 (1) : 96-101.

三ツ井敏明・福山利範 2005. デンプン代謝からみた白未熟粒発生メカニズム (研究の現状). 農業技術 60 (10) : 447-452.

永畠秀樹・黒田 晃 2004. 高温処理が早生水稲の白未熟粒発生および食味関連形質に与える影響. 北陸作物学会報 39 : 81-84.

永畠秀樹・山元皓二 2005. 温度勾配ビニルハウスを用いた水稲の高温登熟性の評価. 育種学研究 7 : 95-101.

永畠秀樹・島健二・中川博視 2006. 水稲白未熟粒発生のモデル化と予測に関する研究 1. 乳白粒簡易発生予測モデル. 日作紀 76 (別2) : 18-19.

長戸一雄・江幡守衛・河野恭広 1961. 米の品質からみた早期栽培に対する適応性の品種間差異. 日作紀 29 : 337-340.

長戸一雄・江幡守衛 1965. 登熟期の高温が穎果の発育ならびに米質におよぼす影響. 日作紀 34 : 59-66.

Nakagawa, H., J. Yamagishi, N. Miyamoto, M. Motoyama, M. Yano and K. Nemoto 2005. Flowering response of rice to photoperiod and temperature:a QTL analysis using a phenological model. Theor Appl Genet 110 : 778-786.

Ⅱ. 高温障害の生理・生態

中川博視・矢野昌裕・根本圭介 2005. QTL 解析を利用した発育モデルの新展開. 日作紀 74 (別 1) : 354-355.

西村 実・梶 亮太・小川紹文 2000. 水稲の玄米品質に関する登熟期高温ストレス耐性の品種間差異. 育種学研究 2 : 17-22.

表野元保・小島洋一朗・蛯谷武志・山口琢也・向野尚幸・山本良孝 2003. 人工的高温条件下における水稲の登熟性検定法. 北陸作物学会報 38 : 12-14.

笹川克己・福山利範 2006. 高温ストレス下でのイネ穂首維管束形質と登熟性との関連. 育種学研究 8 (別 2) : 292.

佐竹徹夫 1981. 印度稲の穂孕期および開花期の耐冷性. 日本育種・作物学会北海道談話会報 21 : 49.

白澤健太・佐々木都彦・永野邦明・岸谷幸枝・西尾剛 2006. 玄米外観品質に基づく登熟期高温ストレス耐性の QTL 解析. 育種学研究 8 (別 1) : 155.

田畑美奈子・飯田幸彦・大澤 良 2005. 水稲の登熟期の高温条件下における背白米および基白米発生率の遺伝解析. 育種学研究 7 : 9-15.

田畑美奈子 2005. 背白米および基白米発生に関する遺伝要因解析. 農業技術 60 (10) : 17-21.

田畑美奈子・平林秀介・竹内喜信・安東郁男・飯田幸彦・大澤 良 2006. 水稲の登熟期の高温条件下における背白米発生率に関する QTL 解析. 育種学研究 7 (別 1・2) : 282.

武田和義・斉藤健一 1983. 粒重と腹白米歩合の遺伝率と遺伝相関. 育雑 33 (4) : 468-480.

Tan, Y. F., Xing, Y. Z., Li, J. X., Yu S. B., Xu, C. G.and Q. Zhang 2000. Genetic bases of appearance quality of rice grains in Shanyou 63, an elite rice hybrid. Theor Appl Genet 101 : 823-829.

Tashiro, T. and I. F. Wardlaw 1991. The effect of high temperature on kernel dimensions and the type and occurrence of kernel damage in rice. Aust. J. Agric. Res. 42 : 485-496.

寺尾富夫・千葉雅大・廣瀬竜郎・松村 修 2004. 高温条件下の玄米品質に関与する遺伝子座と環境要因との相互作用. 日作紀 73 (別 1) : 96-97.

Wan, X. Y., Wan, J. M., Weng, J. F., Jiang, L., Bi, J. C., Wang, C. M. and H. Q. Zhai 2005. Stability of QTLs for rice grain dimension and endosperm chalkiness characteristics across eight environments.Theor Appl Genet 110 : 1334-1346.

山口琢也・蛯谷武志・金田 宏・木谷吉則・小島洋一朗・土肥正幸・石橋岳彦・向野尚幸・表野元保・宝田研・山本良孝 2006. 気象変動下においても品質が優れる良食味品種「てんたかく」の育成. 北陸作物学会報 41 : 4-8.

山本隆一・堀末 登・池田良一 1996. イネ育種マニュアル. 養賢堂, 東京. 150-152.

矢野昌裕・清水博之 1993. 制限酵素断片長多型 (RFLP) を利用したイネ日印交雑後代系統の図式遺伝子型の推定. 北陸農試報 35 : 63-71.

矢野昌裕 2001. 作物の遺伝子資源-変異の発掘と創出-. 育種学研究 3 (別 1) : 4-5.

Yano, M., S. Kojima, Y. Takahashi, H. Lin and T. Sasaki 2001. Genetic control of flowering

time in rice, a short-day plant. Plant Physiol 127：1425-1429.
葉　勝海・小林麻子・冨田　桂 2006．イネの玄米品質に関するQTL解析 Ⅱ．高温ハウス栽培による背白・基白米の発生に関するQTLの検出とマッピング．育種学研究8（別1）：148.

2．登熟期の高温が子房の転流・転送系およびアミロプラストの構造におよぼす影響

後藤雄佐・新田洋司・中村聡 2000．作物Ⅰ（稲作）．全国農業改良普及協会，東京．124-135.
服部優子・松田智明・新田洋司 2003 a．2002年茨城県および秋田県産水稲「あきたこまち」精玄米の白色不透明部におけるデンプンの蓄積構造．日本作物学会紀事72（別2）：214-215.
服部優子・松田智明・新田洋司 2003 b．宮城，福島，茨城県産水稲「ひとめぼれ」（平成14年度産）における不完全登熟粒の胚乳構造．日本作物学会東北支部会報46：39-40.
服部優子・松田智明・新田洋司 2004．2002年度の高温登熟で多発した不完全登熟粒におけるデンプン蓄積構造の特徴．日本作物学会紀事73（別2）：118-119.
星川清親 1975．解剖図説イネの生長．農文協，東京．216-243.
飯塚　清・前原宏・山本光一・峰岸恵夫 2000．フェーン現象による米の品質低下と品種間差異．日本作物学会関東支部会報15：38-39.
岩澤紀生・松田智明・新田洋司 2002．水稲登熟期の高温ストレスに伴う粒厚減少の構造的要因．日本作物学会紀事71（別2）：138-139.
岩澤紀生・松田智明・荻原義邦・新田洋司 2003．水稲登熟初期の高温ストレスによる胚乳組織形成の異常．日本作物学会紀事72（別2）：212-213.
川原治之助 1979．登熟と転送細胞．農業技術34：534-539.
癸生川真也・松田智明・飯塚清・新田洋司 2001．フェーン被害によって増加した水稲屑米の胚乳におけるアミロプラストの構造．日本作物学会関東支部会報16：70-71.
松田智明・癸生川真也・飯塚　清・新田洋司 2001．フェーン被害を受けた水稲の不完全登熟粒（屑米）におけるアミロプラストの構造．日本作物学会東北支部報44：87-88.
松田智明 2002．作物の形態．日本作物学会編，作物学事典．朝倉書店，東京．97-109.
荻野知美・松田智明・新田洋司 2000．精白米の白色不透明部におけるアミロプラストの異常．日本作物学会東北支部報43：67-68.
篠木　佑・松田智明・新田洋司 2005．2003年度の冷害水稲で多発した大粒の屑米（半完全米）におけるデンプンの蓄積構造．日本作物学会紀事74（別1）：132-133.
サバルデイン　ザカリア・松田智明・新田洋司 1999．水稲種子の登熟に伴う貯蔵物質の蓄積におよぼす温度の影響．日本作物学会紀事68（別2）：292-293.
梅本貴之 2001．温度条件が米でんぷん生成におよぼす影響．東北地方における夏季の異常高温が水稲生育およびコメ品質におよぼす影響の解析と今後の対策．東北農業試験場．5-8.
Zakaria, S., T. Matsuda, S. Tajima and Y. Nitta 2002. Effect of high temperature at ripening stage on the reserve accumulation in seed in some rice cultivars. Plant Proction Science 5：160-168.

II. 高温障害の生理・生態

3. 高温が幼穂形成期以降の登熟におよぼす影響

Hawker, J. S. and C. F. Jenner 1993. Aust. J. Plant Physiol. 20：197-209.
飯田幸彦・横田国夫・桐原俊明・須賀立夫 2002. 日作紀 71：174-177.
稲葉健五・佐藤庚 1976. 日作紀 45：162-167.
Keeling, P. L., R. Banisadr, L. Barone, B. P. Wasserman and G. W. Singletary 1994. Aust. J. Plant Physiol. 21：807-827.
岩澤紀生・松田智明・萩原義邦・新田洋司 2002. 日作紀 72 (別2)：92-93.
小葉田亨・植向直哉・稲村達也・加賀田恒 2004. 日作紀 73：315-322.
村松 修 2001. 北陸作物学会報 36：100-102.
Matsui, T., K. Omasa and T. Horie 2001. Plant Pro. Sci. 4：36-40.
松島省三・真中多喜夫 1957. 日作紀 25：203-204.
森田 敏 2000. 日作紀 69：391-399.
森田 敏・白土宏之・高梨純一・藤田耕之輔 2002. 日作紀 71：102-109.
森田 敏・白土宏之・高梨純一・藤田耕之輔 2004. 日作紀 73：77-83
長戸一雄・江幡守衛 1960. 日作紀 28：275-278.
長戸一男・江幡守衛 1965. 日作紀 34：59-65.
諸隈正裕・安田佐紀子 2004. 日作紀 73：93-98.
西山岩男・佐竹徹夫 1981. 熱帯農業 25：14-19.
Osada, A., V. Sasiprapa, M. Rohong, S. Dhammanuvong and H. Chakrabandhu 1973. Proc. Crop Sci.Soc. Japan 42：102-109.
Satake, T. and S. Yoshida 1978. Jpn. J. Crop sci. 47：6-17.
Sato, K. and M. Takahashi 1971. Tohoku J. Agr. Res. 22：57-68.
佐藤 庚・稲葉健五・戸沢正隆 1973. 日作紀 42：207-213.
佐藤 庚・稲葉健五 1973. 日作紀 42：214-218.
佐藤 庚・稲葉健五 1976. 日作紀 45：156-161.
Tashiro, T. and I. F. Wardlaw 1991. Aust. J. Agri. Res. 42：485-496.
寺島一男・齊藤祐幸・酒井長雄・渡部富雄・尾形武文・秋田重誠 2001. 日作紀 70：449-459.
山本健吾 1954. 農及園 29：1425-1427.

4. 登熟期の高温による白未熟粒発生と粒重低下―高温の範囲と遭遇時期との関係―

Yoshida, S. and T. Hara 1977. Soil Sci. Plant Nutr. 23：93-107.
楊重法・井上直人・藤田かおり・加藤唱和・萩原素之 2005. 日作紀 74：65-71.
植向直哉・小葉田亨 2000. 日作紀 69 (別2)：94-95.
Zakaria, S., T. Matsuda, S. Tajima and Y. Nitta 2002. Plant Prod. Sci. 5：160-168.
飯田幸彦・横田国夫・桐原俊明・須賀立夫 2002. 温室と高温年の圃場で栽培した水稲における玄米品質低下程度の比較. 日作紀 71：174-177.
江幡守衛 1961. 心白米に関する研究 第4報 心白の発現におよぼす夜温の影響. 日作紀 29：

409-144.

星川清親 1968. 米の胚乳発達に関する組織形態学的研究 第11報 胚乳組織におけるデンプン粒の蓄積と発達について. 日作紀 37：207-216

長戸一雄 1953. 心白・乳白米および腹白の発生に関する研究. 日作紀 21：26-27.

長戸一雄・江幡守衛 1960. 登熟期の気温が水稲の稔実におよぼす影響. 日作紀 28：275-278.

長戸一雄・江幡守衛・反田嘉博 1960. 早期栽培稲の米質に関する研究. 日作紀 28：359-362.

長戸一雄・江幡守衛・河野恭広 1961. 米の品質からみた早期栽培に対する適応性の品種間差異. 日作紀 29：337-340.

長戸一雄・江幡守衛 1965. 登熟期の高温が穎果の発育ならびに米質におよぼす影響. 日作紀 34：59-66.

長戸一雄・江幡守衛・岸　洋一 1966. 登熟期の高温が印度型水稲の穎果の米質におよぼす影響. 日作紀 35：239-244.

Nagato K. and F. M. Chaudhry 1969. Ripening of Japonica and Indica type rice as influenced by temperature during ripening period. Proc. Crop Sci. Soc. Japan 38：657-667.

田代　亨・江幡守衛 1975. 腹白米に関する研究 第4報 白色不透明部の胚乳細胞の形態的特徴. 日作紀 44：205-214.

田代　亨・江幡守衛. 腹白米に関する研究 1976. 第5報 腹白の発現過程，とくに米粒水分との関係について. 日作紀 45：616-623.

Tashiro T. and I. F. Wardlaw 1989. A comparison of the effect of high temperature on grain development in wheat and rice. Ann. Bot. 64：59-65.

Tashiro T. and I. F. Wardlaw 1991 a.The effect of high temperature on the accumulation of dry matter, Carbon and nitrogen in the kernel of rice. Aust. J. Plant Physiol. 18：259-265.

Tashiro T. and I. F. Ward law 1991 b. The effect of high temperature on kernel dimensions and the type and occurrence of damage kernel in rice. Aust. J. Agric. Res. 42：485-496.

松村　修 2006. 高温登熟性を向上する. 農業および園芸 81：96-101.

森田　敏・白土宏之・高梨純一・藤田耕之輔 2002. 高温が水稲の登熟におよぼす影響-高夜温と高昼温の影響の違いの解析-. 日作紀 71：102-109.

Zakaria, S., T. Matsuda, S. Tajima and Y. Nitta. 2002. Effect of high temperature at ripening stage on the reserve accumulation in seed in some rice cultvars. Plant Prod. Sci. 5, 160-168.

全国食糧検査協会 2002. 農産物検査ハンドブック 米穀編．157-201

5. 籾への炭水化物供給から見た高温登熟性に優れる稲

星川清親 1968 a. 米の胚乳発達に関する組織形態学的研究 第10報, 胚乳デンプン粒の発達について．日本作物学会紀事 37：97-105.

星川清親 1968 b. 米の胚乳発達に関する組織形態学的研究 第11報, 胚乳組織におけるデンプン粒の蓄積と発達について．日本作物学会紀事 37：207-216.

飯田雄亮・笠井　徹・塚口直史 2005. 高温が強勢および弱勢穎花の登熟におよぼす影響．日本

作物学会紀事 74（別2）: 332-333.

飯田雄亮・塚口直史 2006. 水稲穎花への同化産物供給量の違いが高温による玄米千粒重および外観品質低下におよぼす影響. 日本作物学会紀事 75（別1）: 382-383.

稲葉健五・佐藤 庚 1976. 高温による水稲の稔実障害に関する研究 第6報, 登熟期の高温が穎果の酵素活性におよぼす影響. 日本作物学会紀事 45: 162-167.

井上健一 2003. 高温のイネ生産への影響と技術的対策 ―福井県の場合―. 日本作物学会紀事 72（別2）: 440-445.

小葉田亨・植向直哉・稲村達也・加賀田恒 2004. 子実への同化産物供給不足による高温下の乳白米発生. 日本作物学会紀事 73: 315-322.

Kobata, T. and Uemuki, N. 2004. High temperatures during the grain-filling period do not reduce the potential grain dry matter increase of rice. Agronomy Journal. 96: 406-414.

松島省三・和田源七 1959. 水稲収量成立原理とその応用に関する作物学的研究 LII. 水稲の登熟機構の研究 (10) 籾への炭水化物の転流適温, 登熟適温および籾の炭水化物受け入れ能力の低下について. 日本作物学会紀事 28: 44-45.

三ツ井敏明・福山利範 2005. デンプン代謝からみた白未熟粒発生メカニズム. 農業技術. 60: 447-452.

森田 敏 2005. 水稲の登熟期の高温によって発生する白未熟粒, 充実不足および粒重低下. 農業技術. 60: 442-446.

Morita, S., Yonemaru, J. and Takanashi, J. 2005. Grain growth and endosperm cell size under high night temperatures in rice (*Oryza sativa* L.). Annals of Botany. 95: 695-701.

永畠秀樹・島健二・中川博視 2006. 登熟期の高温と同化産物不足条件における乳白粒発生簡易予測モデル. 日本作物学会紀事 75（別2）: 18-19.

Nagata, K., Yoshinaga, S., Takanashi, J. and Terao, T. 2001. Effects of dry matter production, translocation of nonstructural carbohydrates and nitrogen application on grain filling in rice cultivar Takanari, a cultivar bearing a large number of spikelets. Plant Production Science. 4. 173-183.

長戸一雄・江幡守衛 1965.. 登熟期の高温が穎果の発育ならびに米質におよぼす影響. 日本作物学会紀事 34: 59-66.

中川博視・田中大克・田野信博・永畠秀樹 2006. 炭水化物供給能が稲の各種白未熟粒の発生におよぼす影響. 北陸作物学会報 41: 32-34.

中川博視・白川美翠・永畠秀樹 2006. 炭水化物供給可能量と穂揃期窒素追肥がイネの白未熟粒の発生におよぼす影響. 日本作物学会紀事 75（別2）: 12-13.

坂田雅正 2006. 被覆尿素肥料の幼穂形成期または穂揃期施用が高温登熟下における水稲品種コシヒカリの収量および玄米品質におよぼす影響. 平成17年度 近畿中国四国農業試験研究推進会議 作物生産部会 育種・栽培検討会資料: 10-14.

佐藤 庚・稲葉健五 1976. 高温による水稲の稔実障害に関する研究 第5報, 稔実期の高温に

よる籾の炭水化物受け入れ能力の早期減退について．日本作物学会紀事 45：156-161.

角 明夫・箱山 晋・翁 仁憲・県 和一・武田友四郎 1996．水稲の登熟過程における穂重増加を支配する稲体要因の解析 第2報，穎花の同化産物受容効率におよぼす出穂期貯蔵炭水化物の役割．日作紀 65：214-221.

Tashiro, T. and Wardlaw, I. F. 1991. The effect of high temperature on kernel dimensions and the type of occurrence of damage in rice (*Oryza sativa* L.). Australian Journal of Agricultural Research. 42：485-496.

土田 徹・南雲芳文・塚口直史 2006．水稲群落熱画像に基づくストレス耐性評価の可能性．日本土壌肥料学会関東支部大会 講演要旨集 12.

月森 弘 2003．島根県におけるイネ生産への影響と技術的対策．日本作物学会紀事 72（別2）：434-439.

Vong, N. Q. and Murata, Y. 1977. Studies on the physiological characteristics of C3 and C4 crop species. I. The effect of air temperature on the apparent photosynthesis, dark respiration, and nutrient absorption of some crops. Japanese Journal of Crop Science. 46：45-52.

翁 仁憲・県 和一・武田友四郎 1986．水稲の子実生産に関する物質生産的研究 第4報，出穂期における全炭水化物濃度の品種間差．日作紀 55：201-207.

山口泰弘・塚口直史・井上健一 2006．コシヒカリの稈・葉鞘の非構造性炭水化物（NSC）の動態と穂重増加および品質の関係．北陸作物学会報 41：35-38.

山口泰弘・井上健一・湯浅佳織 2003．コシヒカリの移植時期が物質生産，収量，品質におよぼす影響．日本作物学会紀事 72（別1）：20-21.

Yoshida, S. and Hara, T. 1977. Effects of air temperature and light on grain filling of an indica and a japonica rice (*Oryza sativa* L) under controlled environmental conditions. Soil Science and Plant Nutrition. 23：93-107.

6．高温による白未熟粒の発生と登熟期間の葉色の影響

木戸三夫・梁取昭三（1968）腹白，基白，心白状乳白，乳白米の穂上における着粒位置と不透明部のかたちに関する研究，日作紀 37：534-538.

長田健二・滝田正・吉永悟志・寺島一男・福田あかり（2004）登熟初期の気温が米粒の胴割れ発生におよぼす影響，日作紀 73：336-342.

長戸一雄・江幡守衛（1965）登熟期の高温が穎花の発育ならびに米質におよぼす影響，日作紀 34：59-66.

髙橋渉・尾島輝佳・野村幹雄・鍋島 学（2002）コシヒカリにおける胴割米発生予測法の開発，北陸作物学会報 37：48-51.

7．高温登熟と根の広がり

伊森博志ら（2002）．福井県の水田土壌の変化と土壌施肥管理の方向．福井農試報告 39：17-28.

井上健一・湯浅佳織 2001．水稲品質食味要因の安定性に関する解析的研究．第1報 苗質がコ

シヒカリの初期生育と収量品質におよぼす影響．福井農試研報 38：1-10．

井上健一・湯浅佳織・笈田豊彦 2002．水稲品質食味要因の安定性に関する解析的研究．第2報 栽植密度がコシヒカリの収量品質におよぼす影響．福井農試研報 39：39-48．

井上健一・山口泰弘・高橋正樹 2004．コシヒカリの根の発育経過の解析．日作紀 73 別1：130-131．

岩田忠寿 1986．福井県における稲作技術の現状と収量の変動要因．北陸農業研究資料 15：23-38．

川田信一郎・丸山幸夫・副島増夫 1977．水稲における根群の形態形成について，とくに窒素施肥量を変更した場合の一例．日作紀 46：193-198．

川田信一郎・副島増夫・山崎耕宇 1978．水稲における"うわ根"の形成量と玄米収量との関係．日作紀 47：617-628．

近藤基彦ほか 18 名 2006．水稲の乳白粒・基白粒発生と登熟気温および玄米タンパク含有率との関係．日作紀 75 別2：14-15．

鯨　幸夫 1989．施肥法の違いが水稲根の形態におよぼす影響．日作紀 58（別1）24-25．

鯨　幸夫 1990．コシヒカリの根系形態におよぼす栽培条件の影響．農及園 65（10）：1193-1195．

長戸一雄・江幡守衛 1965．登熟期の高温が頴花の発育ならびに米質におよぼす影響．日作紀 34：59-66．

瀧嶋康夫・佐久間宏 1969．土壌の圧縮および高度が水稲の根系発達ならびに生育におよぼす影響に関する研究．農技研報 B 21：255-328．

鳥山和伸 2001．フィールドから展開される土壌肥料学．―新たな視点でデータを採る・見る― 1．大区画水田における地力窒素ムラと水稲生育．土肥誌 72：453-458．

津野幸人・山下　淳 1970．水稲の光合成作用ならびに蒸散作用におよぼす根部の影響について．日作紀 39 別1：13-14．

間脇正博 1988．農業技術体系・作物編．農文協，東京．追録第 10 号：基 246 の 114-117．

佐々木康之・今井良衛・細川平太郎 1984．高温下で登熟する玄米品質の劣化防止技術．新潟農試研報 33：45-54．

山口泰弘・井上健一・湯浅佳織 2002．高温年次におけるコシヒカリの移植時期が物質生産・収量・品質におよぼす影響．福井農試研報 39：29-38．

山口泰弘・井上健一 2005．土質の違いと基肥一括肥料の施肥法が水稲根の発育，収量品質へおよぼす影響．日作紀（別1）74：58-59．

山口泰弘 2006．根域拡大とゼオライト施用が収量品質へおよぼす影響．日作紀（別1）75：232-233．

湯浅佳織・岩田忠寿・青木研一 1986．側条施肥が水稲の地上部および地下部の生育におよぼす影響．北陸作物学会報 21：65-67．

8. 胴割れ米の発生と高温登熟

木野田憲久・清藤文仁・桑田博隆・高城哲男 2001. 青森県における品質低下の実態と今後の対策. 東北農試編, 東北地域における夏期の異常高温が水稲生育およびコメ品質におよぼす影響の解析と今後の対策. 東北農試, 盛岡. 19-24.

日塔明弘 2001. 宮城県における品質低下の実態と今後の対策. 東北農試編, 東北地域における夏期の異常高温が水稲生育およびコメ品質におよぼす影響の解析と今後の対策. 東北農試, 盛岡. 33-42.

有坂通展 2002. 新潟県における2000年産米の胴割米の発生要因解析. 北陸作物学会報 37：52-53.

高橋 渉・尾島輝佳・野村幹雄・鍋島 学 2002. コシヒカリにおける胴割米発生予測法の開発. 北陸作物学会報 37：48-51.

滝田 正 2002. 胴割れ米発生の品種間差異と関連形質および遺伝. 東北農研報 100：41-48.

中村啓二・橋本良一・永畠秀樹 2003. 登熟期間の水管理の違いが胴割粒・乳白粒の発生におよぼす影響. 北陸作物学会報 38：18-20.

川崎哲郎・河内博文・杉山英治 2001. 立毛状態での成熟期以降における品質変化 —水稲の収穫作業期間延長に関する研究—. 農作業研究 36：25-32.

全国食糧検査協会編 2002. 農産物検査ハンドブック/米穀編. 日本農民新聞社, 東京. 1-361.

近藤萬太郎・岡村 保 1932. 玄米が吸湿せし時の膨張の方向と胴割米生成との関係. 農学研究 19：128-142.

長戸一雄・江幡守衛・石川雅士 1964. 胴割れ米の発生に関する研究. 日作紀 33：82-89.

佐藤正夫 1964. 籾の胴割機構について. 農業および園芸 39：1421-1422.

中村公則・原城 隆 1966. 胴割米発生機構の解析に関する研究. 第1報 寒冷地における立毛胴割米発生の実態と加温乾燥に伴う胴割米発生の変化について. 東北農試研究速報 6：47-52.

石倉教光・升尾洋一郎 1967. 水稲の立毛胴割米の発生. 農業技術 22：281-283.

高松美智則・香村敏郎・釈 一郎・谷口 学・伊藤和久 1983. 水稲品種の特性解析に関する研究. 第5報 県内主要品種の刈り遅れによる米質変動と刈り取り許容幅. 愛知農総試研報 15：35-46.

寺中吉造・原城 隆 1967. 胴割米発生機構の解析に関する研究. 第2報 サンプリング時の気象条件並びにコメデンプンの粘性と胴割れ率との関係. 東北農試研究速報 7：37-43.

伴 敏三 1971. 人工乾燥における米の胴割に関する実験的研究. 農業機械化研報 8：1-80.

長田健二・滝田 正・吉永悟志・寺島一男・福田あかり 2004. 登熟初期の気温が米粒の胴割れ発生におよぼす影響. 日作紀 73 (3)：336-342.

長戸一雄・小林喜男 1959. 米のデンプン細胞組織の発達について. 日作紀 27：204-206.

星川清親 1967 a. 米の胚乳発達に関する組織形態学的研究. 第1報 胚乳細胞組織の形成過程について. 日作紀 36：151-161.

星川清親 1967 b. 米の胚乳発達に関する組織形態学的研究. 第2報 胚乳細胞の肥大成長につ

いて．日作紀 36：203-209.

星川清親 1968 a．米の胚乳発達に関する組織形態学的研究．第 10 報 胚乳デンプン粒の発達について．日作紀 37：97-106.

星川清親 1968 b．米の胚乳発達に関する組織形態学的研究．第 11 報 胚乳組織における澱粉粒の蓄積と発達について．日作紀 37：207-216.

岩澤紀生・松田智明・長田健二・吉永悟志・新田洋司 2006．胴割れ米の構造的特徴に関する走査電子顕微鏡観察．日作紀 75（別 1）：266-267

滝田 正 1992．日本型およびインド型稲における胴割米発生の品種間差異．育雑 42：397-402.

長戸一雄 1962．米粒の硬度分布に関する研究．日作紀 31：102-107.

玉置雅彦・栗田真吾・猪谷富夫・荒巻 功・土屋隆生・田代 亨 2002．広島県産酒米の精米特性におよぼす心白形状と米粒の硬度分布．日作紀 71（別 2）：120-121.

玉置雅彦・木原理恵・勝場善之介・土屋隆生 2006．広島県の酒造好適米"八反系品種"の胚乳組織構造の品種間差異．日作紀 75（別 2）：116-117.

長田健二 2006．高温登熟と米の胴割れ．農業および園芸 81（7）：797-801.

長田健二・小谷俊之・吉永悟志・福田あかり 2005．胴割れ米発生におよぼす登熟初期の水管理条件の影響．日作東北支報 48：33-35.

長田健二・福田あかり・吉永悟志 2006．穂肥条件が米粒の胴割れ発生におよぼす影響．日作紀 75（別 1）：244-245.

長田健二・吉永悟志・福田あかり 2004．胴割れ米発生難易程度の早期簡易評価の可能性．日作紀 73（別 1）：106-107.

9．水稲の高温登熟障害発生要因と対策技術開発の現状

近藤始彦 2007 水稲の高温登熟障害軽減のための栽培技術開発の現状と課題 農業および園芸 82：31-34

近藤始彦・石丸 努・三王裕見子・梅本貴之 2005 イネの高温登熟研究の今後の方向 農業技術 60：462-470.

近藤始彦ら 2006．水稲の乳白粒・基白粒発生と登熟気温および玄米タンパク含有率との関係─全国連絡試験による解析─ 日作紀 75 別 2：14-15

坂田雅正・高田 聖 2006．高知県における高温登熟による品質低下に対応する品種と技術開発 農園 81：102-109

髙橋 渉 2006．気候温暖化条件下におけるコシヒカリの白未熟粒発生軽減技術 農園 81：1012-1018

日本作物学会シンポジウム記事 2005．温暖化する気象条件下での早期栽培イネにおける品質・収量低下に対する技術的対応 日作紀（別 1）74：80-93

松村 修 2005．高温登熟による米の品質被害 ─その背景と対策─ 農業技術 60：437-441

吉永悟志・福田あかり 2006．東北地域における少肥による玄米低タンパク化の品質・食味への

影響　農園 82：49-54.

10. 高温登塾と食味

Aboubacar A, KAK Moldenhauer, AM McClung, DH Beighley, BR Hamaker 2006. Effect of growth location in the United States on amylase content, amylopectin fine structure, and thermal properties of starches of long grain rice cultivars. Cereal Chem., 83 (1)：93-98

Asaoka M, K Okuno, Y Sugimoto, J Kawakami, H Fuwa 1984. Effect of environmental temperature during development of rice plants of some properties of endosperm starch. Starch, 36 (6)：189-193

茶村修吾・金森松夫・藤原国雄 1973. 食味の異なる水稲品種の米粒における燐酸の形態, 日作紀, 42：148-153

茶村修吾・金子平一・斎藤祐幸 1979. 登熟期の気温と米の食味との関係-登熟期間を一定温度とした場合-, 日作紀, 48 (4)：475-482

De la Cruz N, I Kumar, RP Kaushik, GS Khush 1989. Effect of temperature during grain development on stability of cooking quality components in rice. Jpn. J. Breed., 39：299-306

江幡守衛 1968. 米のアルカリ崩壊性に関する研究（第1報）白米のアルカリ検定法について, 日作紀, 37：499-503

江幡守衛・平沢恵子・柴田　哲 1982. 米飯のテクスチャーに関する研究（第2報）粒形, 成熟度, 粒質の影響, 日作紀, 51 (2)：242-247

遠藤　勲・柳瀬　肇・石間紀男・竹生新治郎 1980. 極少量炊飯方式による米飯のテクスチュロメーター測定（第1報）測定条件の検討と主要品種への適用, 食総研報, 37：1-8

Hizukuri S 1969. The effects of environment temperature of plants on the physicochemical properties of their starches. J. Jpn. Soc. Starch Sci., 17：73-89

本庄一雄 1971. 米のタンパク含量に関する研究（第1報）タンパク質含有率の品種間差異ならびにタンパク質含有率におよぼす気象環境の影響, 日作紀, 40：183-189

堀野俊郎・梶本晶子 1989. 米の食味関連成分の栽培変動および粒内分布, 日作中国支研, 30

堀野俊郎 1990. ミネラル成分と米の食味, 日作紀, 59：605-611

堀内久弥・斎藤千保子・宮原千穂子・谷　達雄 1965. 早期・早植栽培米の品種・栽培地による品質変異（第1報）でん粉に関する性状について, 食総研報, 20：5-12

稲津　脩 1988. 北海道産米の食味向上による品質改善に関する研究, 北海道農試報, 66：1-89

石間紀男・平　宏和・平　春枝・御子柴穣・吉川誠次 1974. 米の食味におよぼす窒素施肥および精米中のタンパク質含有率の影響, 食総研報, 29：9-15

Jiang H, W Dian, P W 2003. Effect of high temperature on fine structure of amylopectin in rice endosperm by reducing the activity of the starch branching enzyme. Phytochem. 63：53-59

小林和幸・合田　梢・河合由起子・松井崇晃・重山博信・石崎和彦・西村　実・山元皓二 2003. イネ糯誘発突然変異系統の餅加工特性, 育種学研究, 5：45-51

小関卓也・奥田将生・米原由希・八田一隆・岩田博・荒巻　功・橋爪克己 2004. イネ登熟期の高

温が酒造適性におよぼす影響, 醸協, 99 (8) : 591-596

小山懸雄・大坪研一・村松謙生・野田孝人・松村正哉 1991. 水稲の作期移動に伴う米品質の変化, 北陸農研資, 26 : 1-10

前重道雄 1981. 米の食味関与要因の変動に関する研究（第3報）玄米タンパク質含量におよぼす登熟気温の影響, 広島農試報, 44 : 39-44

前重道雄 1983. 米の食味関与要因の変動に関する研究（第4報）登熟過程における精白米粉の糊化特性および精白米の炊飯特性の推移, 広島農試報, 46 : 1-12

前重道雄 1984. 米の食味関与要因の変動に関する研究（第5報）糊化特性並びに炊飯特性におよぼす登熟気温の影響, 広島農試報, 48 : 17-22

松江勇次・水田一枝・古野久美・吉田智彦 1991. 北部九州産米の食味に関する研究（第2報）収穫時期が米の食味および理化学的特性におよぼす影響, 日作紀, 60 : 497-503

松江勇次・尾形武文 1997. 玄米の形状と理化学的特性との関係, 日作九支報, 63 : 12-14

Matsue Y, H Sato, Y Uchimura 2001. The palatability and physicochemical properties of milled rice for each grain-thickness group. Plant Prod. Sci., 4 : 71-76

松江勇次・内村要介・佐藤大和 2002. アミログラム特性の糊化開始温度による水稲もち品種の餅硬化速度の評価方法と餅硬化速度からみた糊化開始温度と登熟温度, 日作紀, 71 (1) : 57-61

Morita S, J Yonemaru, J Takanashi 2005. Grain growth and endosperm cell size under high night temperatures in rice (*Oryza sativa* L.). Annals. of Botany, 95 : 695-701

Nakamura Y, A Sakurai, Y Inaba, K Kimura, N Iwasawa, T Nagamine 2002. The fine structure of amylopectin in endosperm from Asian cultivated rice can be largely classified into two classes. Starch, 54 : 117-131

西村 実・山内富士雄・大内邦夫・浜村邦夫 1985. 北海道の最近の水稲品種および系統の食味特性の評価 —低温年および高温年産米における理化学的特性と官能試験結果の対応—, 北海道農試報, 144 : 77-89

岡留博司・豊島英親・大坪研一 1996. 単一装置による米飯物性の多面的評価, 食科工, 43 (9) : 1004-1011

岡本正弘・堀野俊郎・坂井 真 1992. 玄米の窒素含量および Mg/K 比と炊飯米の粘り値との関係, 育雑, 42 : 595-603

岡本正弘 1994. 炊飯米の粘りに関連する化学成分の育種学的研究, 中国農試報, 14 (別) : 1-68

岡崎正一・沖 佳子 1961. 精白米中の遊離アミノ酸について, 農化, 35 (3) : 194-199

奥西智哉・山川博幹 2006. 高温登熟米の食味構成要因について, 日作紀, 75 (別2) : 110-111

大坪研一 1999. 米の品質評価について, 食品工業, 42 : 55-61

佐藤大和・陣内陽明・尾形武文・内川 修・田中浩平 2005. 水稲の高温登熟条件下での食味変動の品種間差と評価指標形質, 福岡農試報, 24 : 39-42

Sato K 1971. The development of rice grains under controlled environment. II. The effects of temperature combined with air-humidity and light intensity during ripening on grain development. Tohoku J. Agr. Res., 22 : 69-79

高野圭三・野津幹雄 1961. 米の遊離アミノ酸の種類, 日作紀, 29 : 216-219

Tamaki M, M Ebata, T Tashiro, M Ishikawa 1989a. Physico-ecological studies on quality formation of rice kernel. I. Effects of nitrogen top-dressed at full heading time and air temperature during ripening period on quality of rice kernel. Japan. Jour. Crop Sci., 58 (4) : 653-658

Tamaki M, M Ebata, T Tashiro, M Ishikawa 1989 b. Physico-ecological studies on quality formation of rice kernel. III. Effects of ripening stage and some ripening conditions on free amino acids in milled rice kernel and in the exterior of cooked rice. Japan. Jour. Crop Sci., 58 (4) : 695-703

谷　達雄・吉川誠次・竹生新治郎・堀内久弥・遠藤　勲・柳瀬　肇 1969. 米の食味評価に関する理化学的要因（I）, 栄養と食料, 22 : 452-461

寺島一男・斎藤祐幸・酒井長雄・渡部富男・尾形武文・秋田重誠 2001. 1999年の夏期高温が水稲の登熟と米品質におよぼした影響, 日作紀, 70 (3) : 449-458

富田豊雄・浪岡　実・長尾学繭 1974. 作物の診断学的研究とその応用：米の化学的特質と食味向上に関する研究, 日作紀, 43 (4) : 469-474

Vandeputte GE, R Vermeylen, J Geeroms, JA Delcour 2003. Rice starches. I. Structural aspects provide insight in to crystallinity characteristics and gelatinization behaviour of granular starch. J. Cereal Sci. 38 : 43-52

和田卓也・大里久美・浜地勇次 2002. 暖地における1999年の登熟期間中の高温寡照条件が米の食味と理化学的特性におよぼした影響, 日作紀, 71 (3) : 349-354

山田正美・勝見　太 1987. 水稲登熟期の高温が同化産物および無機成分の転流におよぼす影響, 福井農試報, 24 : 1-13

山川　寛・和佐野喜久生・大島健三 1978. 水稲の登熟に伴う炊飯米の粘性の変化について, 熱帯農業, 22 (3) : 117-122

山下鏡一・藤本暁夫 1974. 肥料と米の品質に関する研究 4 窒素肥料による精米のタンパク質の変化と食味との関係, 東北農試報, 48 : 91-96

柳瀬　肇・遠藤　勲・竹生新治郎 1982. もち米の品質, 加工適性に関する研究（第2報）国内産もち米の貯蔵と加工適性, 食総研報, 39 : 1-14

Ⅲ．こしいぶき

1．開発の背景と経緯

　新潟県における「コシヒカリ」の作付けは，1979年に「越路早生」を上回り第1位となって以来，増加の一途をたどっている．コメの生産調整が強化される中においても，消費者の高品質・良食味米の要望と生産者の高価格米の生産志向に後押しされ，2005年には98,900 ha，その比率は81.7％を占めるに至った．しかしながら，1990年以降顕著となった「コシヒカリ」への過度な作付けの集中は，病害虫や気象災害の被害拡大，コスト高を引き起こすだけでなく，大型共同乾燥施設の処理能力を越える荷受が早刈りや刈遅れを誘発し，商品として重要な品質の低下を招く危険性を孕んでいた．

　一方，早生種の作付けは，中生の「コシヒカリ」の増加に伴って激減し，1998年以後10,000 haを越す品種は姿を消した．また，市場からは，「ゆきの精」「越路早生」および「トドロキワセ」などの早生品種は，品質の年次変動がいずれも大きく，食味が「コシヒカリ」よりも劣るために扱いにくいとの指摘を受けていた．他方，東北地域の各県では，新品種育成に力を注いだ結果，「あきたこまち」，「ひとめぼれ」，「はえぬき」などの良食味品種の開発と普及が進み，品質・食味レベルの向上が図られて市場評価が高まっていた．

　このような背景の中，新潟県が将来とも良質米の生産供給基地として発展するためには，「コシヒカリ」と並ぶ2本柱となる早生品種を開発し，「コシヒカリ」の過度な作付けを是正する必要があった．そこで，1993年から農業団体の援助を受けて「水稲新品種開発加速事業」（愛称：「ドリーム早生」開発計画）に取り組み，育種目標を「コシヒカリ」並みの品質・食味で9月上旬に収穫できる早生種とし，開発期間を8年と定めて，2001年からの一般栽培を目指した．目標達成のため，作物研究センター内に育種プロジェクトチームが結成され，従来の選抜手法を見直しながら，品質・食味を最優先にした選抜が精力的に進められた．

開発が進行する中で，1995年の「新食糧法」の施行により，高く売れるコメの志向が強まり，「コシヒカリ」の作付け集中がさらに進み，標高の高い高地や転作後の倒伏しやすい圃場などの不適地にも作付けされるようになった．また，早生種は，1994年以後，高温登熟年が続いたことから，とくに品質の変動が著しくなり，1999年には，早生種の1等米比率は「ゆきの精」で27％，「越路早生」8％，「トドロキワセ」6％と過去に例がないほど低下し，品質変動の少ない早生品種の早期開発の期待がますます強まった．

早生種に「コシヒカリ」並の高品質・良食味を付与することは技術的にきわめて難しい挑戦であり，新たな手法を工夫考案しながら開発にあたった結果，2000年に「こしいぶき」を育成するに至った．2006年には新潟県における作付けが10,000 haを越え，県内および北陸地域では「コシヒカリ」に次ぐ第2位の面積を記録した．

2. 育成経過

「こしいぶき」は，1988年に新潟県農業試験場（長岡市）において，「東北143号」（後の「ひとめぼれ」）を母本，「山形35号」（後の「どまんなか」）を父本として人工交配し，1990年に雑種第2代で個体選抜を行い，以後系統育種法により育成した水稲粳品種である（図Ⅲ.1）．開発にあたっては，育種規模を従来の育種の規模に比べて倍増するとともに，選抜の初期段階から食味

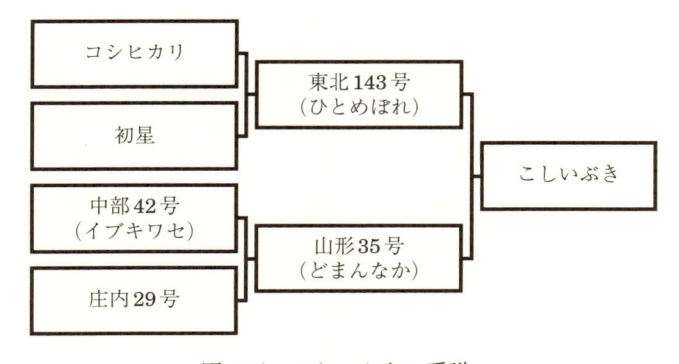

図Ⅲ.1　こしいぶきの系譜

計利用による食味を最優先にした積極的な選抜を行いつつ，沖縄県石垣市における世代促進により開発期間の短縮を図った．また，一般栽培における品質・食味の変動をできるだけ早期に把握するため，育成の早い段階から地域適応性の調査を実施した．1996年に「長1088」の地方番号を付けて生産力検定，特性検定および地域適応性の予備検定を行い，1997年から「新潟56号」の系統名で奨励品種決定調査および現地調査に供試し，地域適応性を詳細に検討した．加えて，既存の早生種は，とくに高温年次には登熟期間の高温により，乳心白粒等の未熟粒が多発して品質が低下することが多かったことから，35℃の温水を圃場に循環して検定する新たな手法を考案して，高温登熟性を重点的に評価した．

　開発に着手した1993年は歴史に残る大冷害，翌1994年は記録的干ばつと高温で，その後も早生種にとっては登熟期間が高温となる年が多く，激しい気象変動下での選抜となった．その結果，「新潟56号」は熟期が「ゆきの精」並の早生で，品質・食味レベルが「コシヒカリ」と同等で，品質・収量の年次間変動が小さく，栽培しやすい優良系統であることが確認された．そこで2000年3月に新潟県の奨励品種に指定して「こしいぶき」と命名，雑種第13代で品種登録の出願を行った．なお，「こしいぶき」の名は，「コシヒカリ」の血統を受け継ぎ，21世紀に登場するコメにふさわしく新鮮で活力に満ちたおいしいコメであることを表している．

3．品種特性の概要

　表Ⅲ.1に「こしいぶき」の特性概要を示す．早晩性は「コシヒカリ」よりも10日程度早く成熟期を迎える早生，草型は中間型，稈長は「ゆきの精」並の中稈で，稈の太さは中，稈の剛柔は中である．穂長は「ゆきの精」「コシヒカリ」と同程度，穂数はやや多く，葉色は生育期間を通してやや濃く推移する．

　芒は極少程度で短く，ふ先色は黄白，脱粒性は難である．倒伏抵抗性はやや強で，「ゆきの精」よりも強く，障害型耐冷性は「ゆきの精」並の中である．
　いもち病の真性抵抗性遺伝子型は Pii と推定され，圃場抵抗性は葉いもち，

3. 品種特性の概要

表 III.1 こしいぶきの特性概要

形質		こしいぶき	ゆきの精	コシヒカリ
早晩性		早生	早生	中生
草型		中間型	中間型	中間型
出穂期（月．日）		7.28	7.30	8.03
成熟期（月．日）		9.06	9.07	9.16
稈長 (cm)		81	84	95
穂長 (cm)		18.8	19.2	18.7
穂数 (本/m^2)		439	414	407
芒の多少・有無		極少・短	無	稀・短
ふ先色		黄白	黄白	黄白
脱粒性		難	難	難
倒伏抵抗性		やや強	やや弱	弱
障害型耐冷性		中	中	強
耐病性	葉いもち	中 (*Pii*)	やや弱 (*Pia*)	弱
	穂いもち	中	中	弱
穂発芽性		やや易	やや難	難
玄米重 (kg/a)		63.5	65.5	60.4
同ゆきの精比率 (%)		97	100	92
玄米千粒重 (g)		21.1	22.0	21.1
玄米品質 (1上上-9下下)		上下 (3.5)	上下 (4.2)	中上 (4.5)
食味総合評価		上中 (-0.20)	上下 (-0.61)	上中 (-0.18)
タンパク質含有率 (%)		6.3	6.4	6.0
アミロース含有率 (%)		14.9	15.6	16.0
食味評価値（味度）		87	76	85

食味試験：基準は食味用に栽培したコシヒカリ．
調査地：新潟県農業総合研究所作物研究センター（長岡市）．
調査年次：1994～1999年．

穂いもちともに中，穂発芽性はやや易である．

　収量性は「ゆきの精」並，千粒重は「コシヒカリ」並で「ゆきの精」よりやや小さい．玄米の外観品質は「コシヒカリ」「ゆきの精」よりも優れ，年次間変動も小さく，安定している（図 III.2）．食味は炊飯米の光沢が良く，粘りがあり，「ゆきの精」より明らかに優れ「コシヒカリ」並の極良である．玄米タンパク質含有率は「コシヒカリ」よりもやや高いが「ゆきの精」並で，アミロース含有率は「コシヒカリ」「ゆきの精」よりもやや低い．味度値は「ゆ

(108) Ⅲ. こしいぶき

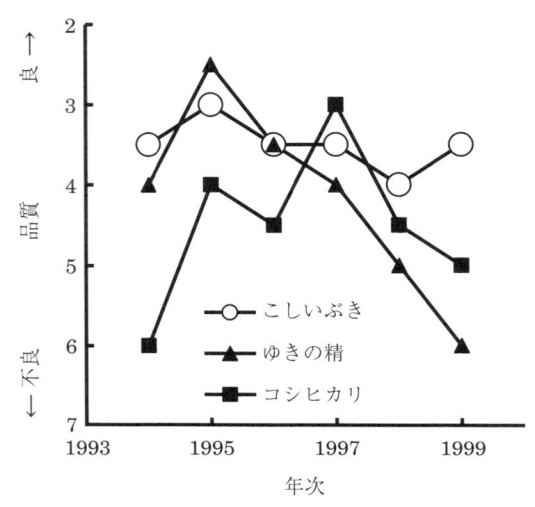

図 Ⅲ.2 玄米品質の年次間変動
品質：1（上上）～9（下下）の9段階評価.

きの精」よりも高く「コシヒカリ」並に高い．

「こしいぶき」は「コシヒカリ」との作期分散が可能な早生品種で，「コシヒカリ」並の品質と食味を備える．

4．「こしいぶき」の育成に適用した新しい選抜法

（1）高温登熟性の検定

これまで高温登熟性の優劣は，一般圃場において数年間にわたって品質の変動を調査して判定されてきた．しかし，登熟期間が年によっては高温とならず，品種間の差異を検出できないことがたびたびあった．そこで，水田内に35℃の温水を出穂期以降かけ流して，水稲に高温ストレスを与え，高温登熟性を評価する方法を新たに開発した．検定圃場は，夏場運転していない温室のボイラーを熱源として，水槽に貯めた用水を熱交換器で暖め，温水を水中ポンプで汲み上げ，畦畔の水口から均一に循環するシステムである（図Ⅲ.3）．検定圃場の気温は，一般の圃場よりも2～3℃高く推移する（図Ⅲ.4）．

4.「こしいぶき」の育成に適用した新しい選抜法

図Ⅲ.3 高温登熟検定圃場
左上の図は水槽の内部の熱交換部分.
圃場の周囲をワリフで囲い風の影響を弱める.

この方法は，天候に左右されることなく高温ストレスを与えることが可能で，精度良く高温登熟性が検定できる.「こしいぶき」は，温水かけ流し圃場の活用により，優れた高温登熟性が評価されたことが奨励品種採用の決め手となった.

図Ⅲ.5に新潟県の主要品種の一等米比率の推移を示す.「こしいぶき」は，高い気温条件下で登熟する早生種でありながら，中生種の「コシヒカリ」並の高い一等米比率を示したが，同じく早生種の「ゆきの精」は，いずれの年も「こしいぶき」を下回り，とくに2002年およ

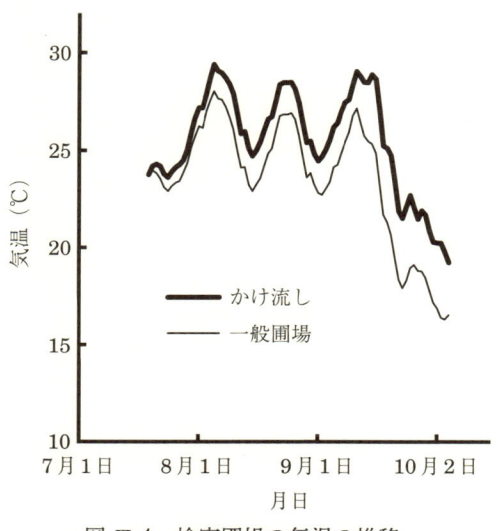

図Ⅲ.4 検定圃場の気温の推移
調査年次は2003年.
気温は1週移動平均値.

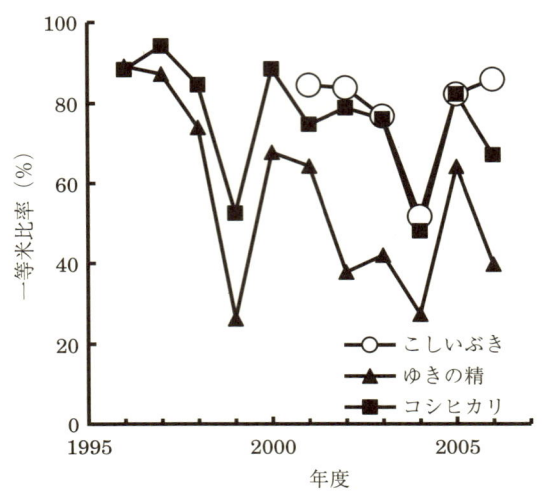

(110)　Ⅲ.こしいぶき

図 Ⅲ.5　一等米比率の推移
2002 年および 2006 年は高温年.
2004 年は台風による被害.

び 2006 年の高温年には著しく品質が低下した.このように,「こしいぶき」は,高温年においても品質が安定して高く,一般栽培においても優れた高温登熟性を示すことが認められている.

(2) 育種初期段階での良食味選抜

従来,少量サンプルの食味を推定するためには,ビーカー法による炊飯光沢を指標とする方法が用いられてきた.ビーカー法による炊飯光沢は,官能試験による食味評価と相関が高く,寄与率は 60 % 程度であるが,100 ml ビーカー内の直径 5 cm 程度の小さな面の光沢を観察するため,評価に個人差が生じ,観察には熟練が必要であった.また,白米試料が 40 g 程度必要であり,食味官能試験に比べれば試料は少なくてすむが,個体レベルの選抜には使いにくく,単独系統以降を対象とした選抜に限定されていた.

そこで,それらの点を改良するため,味度メーターを用いた個体レベルの食味選抜法を新たに開発した.味度メーターはビーカー法と同様の考えに基づき,炊飯米の表面の光沢を測定する装置である(図 Ⅲ.6).即ち,白米試料をリング状の型に入れ,ウォーターバスの熱湯に浸けて炊飯し,表面の保水膜の厚さを光学的に測定して食味を推定する.味度メーターによる味度値は,食味官能試験の評価と相関が高く,寄与率は 60 % 程度で,ビーカー法と比べると測定に個人差がなく,誰が測定しても同一のサンプルであれば標準偏差 1.5 以内に収まる利点がある.しかしながら,専用の搗精機は玄米が 70

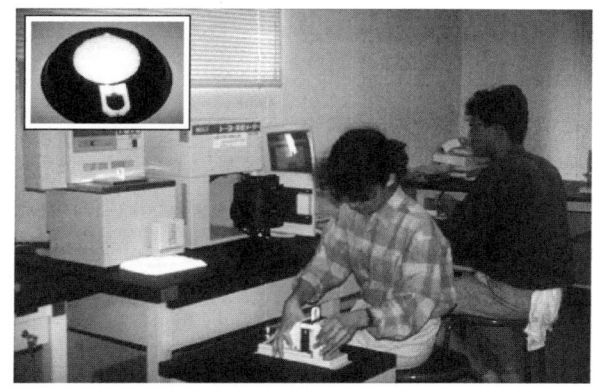

図 III.6 味度メーターによる食味の推定
左上の図は，測定サンプルの形状．

g以上ないと精米できなかったため，個体選抜への適応にはさらに工夫を要した．

図 III.7 に「コシヒカリ」と「アキヒカリ」または「ゆきの精」との混合割合と味度値の関係を示す．味度値75点の「コシヒカリ」と57点の「アキヒカリ」または69点の「ゆきの精」を等量混合すると，それぞれの味度値は66点または72

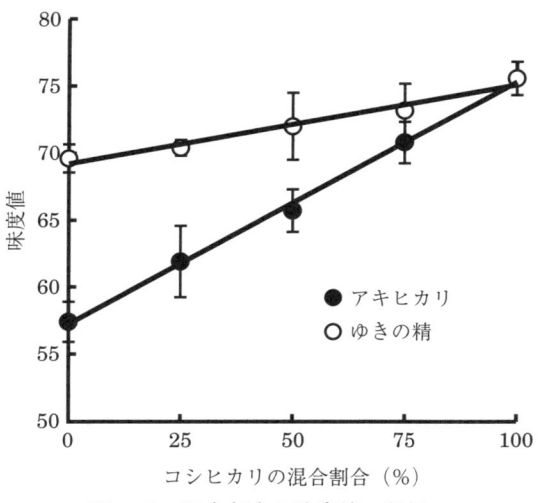

図 III.7 混合割合と味度値の関係

点となり，等量混合米の味度値は両者の平均値となる．このことは，1株から得た少量の玄米でも，味度値の明らかなコメを混合して測定すれば食味の推定が可能であることを示す．そこで，1個体からなるべく多くの玄米を得るために雑種集団を 30 × 30 cm の疎植としたうえで，選抜株の玄米に同量

の「アキヒカリ」を混合して搗精後，味度値を求め選抜個体の食味を推定する方法を考案した．これにより，イネ1株から採取される少ない試料でも食味の推定が可能となった．

個体選抜の次世代，単独系統の食味検定は，味度メーターによる推定に加え，家庭用の小型炊飯器を用いて炊飯光沢を調査した（図Ⅲ.8）．1回につき50台の炊飯器で同時に炊飯した中から「コシヒカリ」並に優れた光沢を示す系統を選抜して，その場で食味官能試験を実施した．

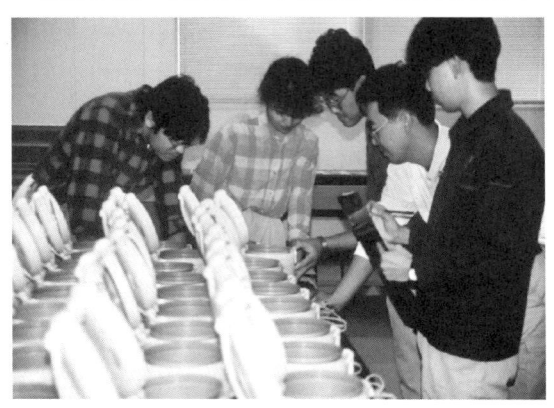

図Ⅲ.8 小型炊飯器による炊飯光沢の調査

図Ⅲ.9に，「新潟30号」（後の「味こだま」）と「東北143号」（後の「ひとめぼれ」）のF5～F7雑種集団を例に，一連の食味選抜の効果を示す．F5集団では，圃場選抜した個体の味度値は概ね正規分布し，両親ともに良食味系統であることから，味度値は83～94の比較的狭い範囲に分布した．味度値は食味総合評価の60％程度を説明するが，全面的に信頼するには十分な精度

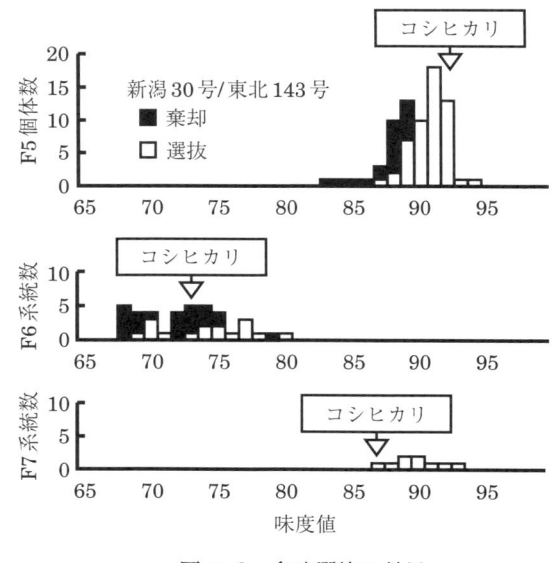

図Ⅲ.9 食味選抜の効果

4.「こしいぶき」の育成に適用した新しい選抜法　(113)

ではない．そこで，「コシヒカリ」よりも優れた個体または系統を少数選抜するのではなく，特性が劣る系統を確実に選抜棄却し，この世代では，73個体のうち20個体を選抜して棄却した．次年度，F6集団からは，味度値と小型炊飯器による炊飯光沢の成績も加えて選抜を行った．F5およびF6の2世代の良食味選抜の結果,「コシヒカリ」並以上の食味を有すると推定されるF7系統が9系統選抜された．このように，良食味品種の育成には，個体レベルから適用できる一連の選抜手法が有効であった．

（3）新しい選抜方法の効果

「こしいぶき」の開発においては，個体レベルの食味選抜が1993年から，高温登熟性の検定が1997年から採用さた．それらの選抜効果を確認するために，1993年から2000年までの選抜系統を対象に，玄米重，稈長，穂長，穂数，味度値，食味総合評価値，品質を変数として主成分分析を行った．図Ⅲ.10に結果の概要を示す．なお主成分の固有ベクトルから，主成分1は系統の総合力を示し，正の側は高い総合力，即ち食味が良く高品質で生育が旺盛

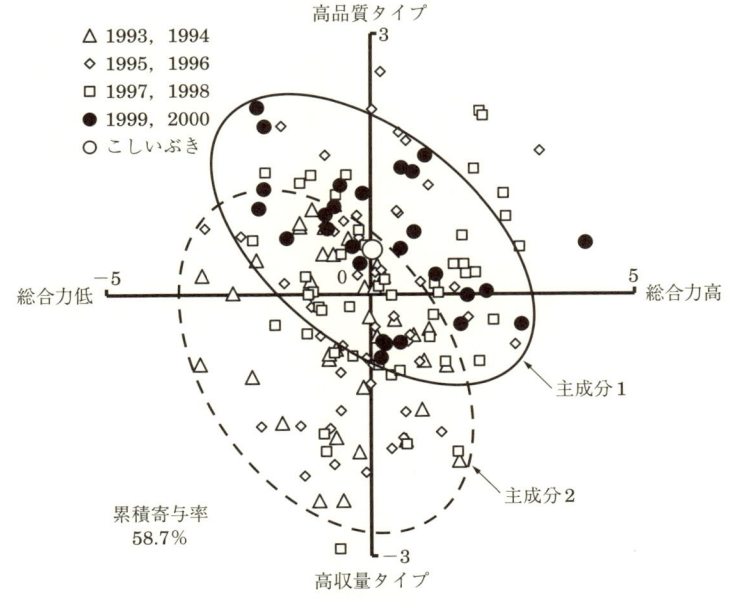

図Ⅲ.10　育成集団の変化

な方向と定義され，他方，主成分2は品質と収量，即ち正の側は高品質，負の側は高収量を意味する．1993年および1994年の開発初期の系統は第3象限側に分布し，品種としての総合力が低く，どちらかといえば高収量タイプの特徴を示したが，新しい選抜方法が採用されて数年後の1999年および2000年の育成系統の分布は第1象限側に移動し，品質および総合力ともに優れた系統が選抜されたことが確認される．また，1999年および2000年の系統のなかには，「こしいぶき」よりも高品質で総合力の高い系統が認められることから，今後「こしいぶき」を上回る良質系統の育成が期待される．以上の結果が示すように，品種改良においては，育種目標に合致した特性を的確に選抜する手法の開発と利用が重要である．

5．高品質・極良食味米生産のための収量および収量構成要素と生育指標・品質目標と収量および収量構成要素

「こしいぶき」の高品質・良食味米生産のための品質目標を表Ⅲ.2に示した．県の方針が収量よりも品質や食味に重点を置いたことにより，整粒歩合（機器測定）を高めに設定した．また，玄米タンパク質含有率（水分15％換算）は，食味総合評価との関係で，玄米タンパク質含有率が6.2％で食味総合評価が高くなることから目標値とした（図Ⅲ.11）．

目標収量および収量構成要素は，品質目標と最も関係の大

表Ⅲ.2　品質目標

整粒歩合 （機器測定）	玄米タンパク質含有率 （水分15％）
85％以上	6.2％

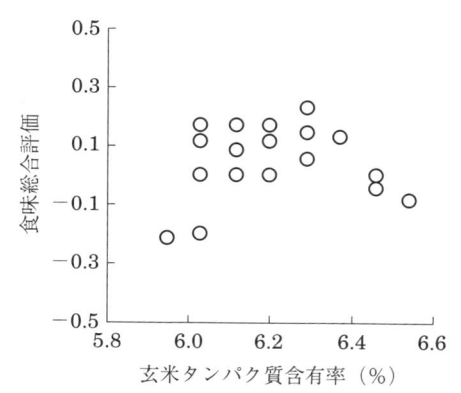

図Ⅲ.11　玄米タンパク質含有率と食味総合評価の関係

5. 高品質・極良食味米生産のための収量および収量構成要素

きかった m^2 当たり籾数を基に表Ⅲ.3のように設定した．m^2 当たり籾数と玄米タンパク質含有率の関係から，食味総合評価が低下しない玄米タンパク質含有率を 6.2 % とした場合，m^2 当たり籾数は 28000 粒となる（図Ⅲ.12）．また，整粒歩合も同様に 85 % とした場合，m^2 当たり籾数は 28000 粒となる（図Ⅲ.13）．m^2 当たり籾数と収量の関係から m^2 当たり籾数 28000 粒とした場合，目標収量 540 kg/10 a となる（図Ⅲ.14）．m^2 当たり籾数を 28000 粒とした場合，穂数 400 本/m^2（図Ⅲ.15），登熟歩合 90 %（図Ⅲ.16），千粒重 21.5 g（図Ⅲ.17）となる．また，穂数と m^2 当たり籾数から1穂

表Ⅲ.3 目標収量と収量構成要素

穂数 (本/m^2)	1穂籾数 (粒)	m^2当たり籾数 (粒)	登熟歩合 (%)	千粒重 (g)	収量 (kg/10 a)
400	70	28,000	90	21.5	540

表Ⅲ.4 時期別の生育指標

最高分げつ期			幼穂形成期			出穂期	成熟期	
草丈 (cm)	茎数 (本/m^2)	葉色 (SPAD)	草丈 (cm)	茎数 (本/m^2)	葉色 (SPAD)	葉色 (SPAD)	稈長 (cm)	主稈葉数 (葉)
43	580	40	58	530	36	34	80	12～13

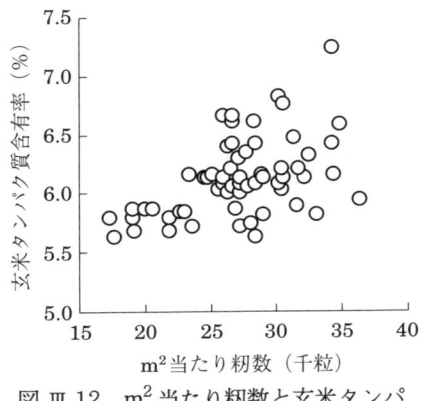

図Ⅲ.12 m^2 当たり籾数と玄米タンパク質含有率の関係

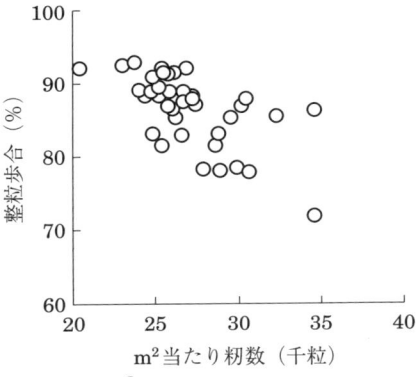

図Ⅲ.13 m^2 当たり籾数と整粒歩合の関係

図 Ⅲ.14　m² 当たり籾数と収量の関係

図 Ⅲ.15　穂数と m² 当たり籾数の関係

図 Ⅲ.16　m² 当たり籾数と登熟歩合の関係

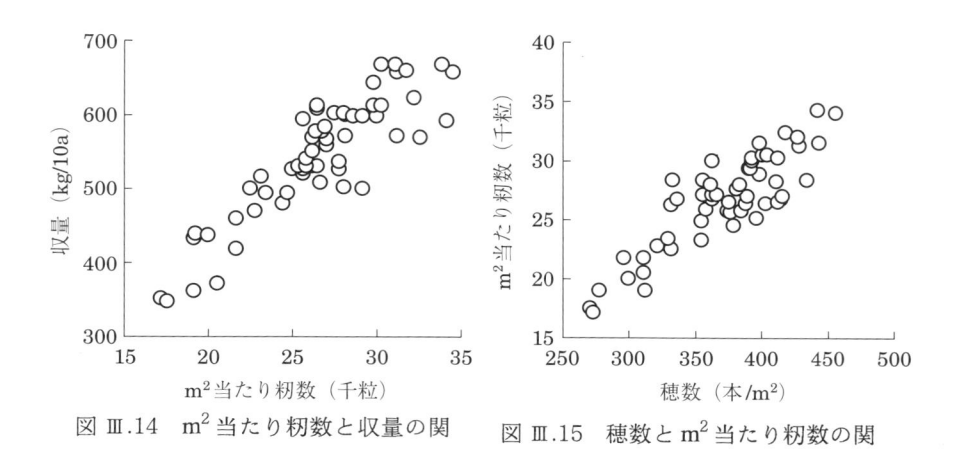

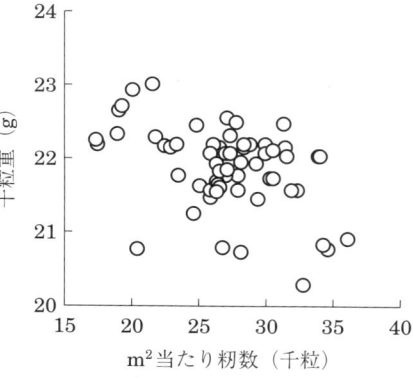

図 Ⅲ.17　m² 当たり籾数と千粒重の関係

籾数 70 粒を算出した．

　目標の品質を確保するための時期別生育指標を表 Ⅲ.4 に示した．これは，研究センター内および現地試験のデータを基に作成した．とくに，出穂期葉色（SPAD 値）と玄米タンパク質含有率の関係から，食味総合評価が低下しない玄米タンパク質含有率を 6.2 % とした場合，出穂期葉色は 34 が目標となる（図 Ⅲ.18）．

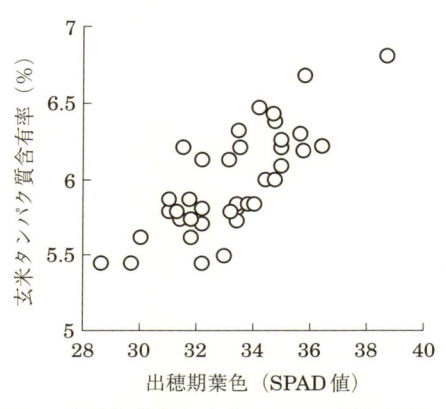

図 Ⅲ.18　出穂期葉色と玄米タンパク質含有率の関係

6．高品質・極良食味米生産のための重点栽培技術

（1）健苗の育成
① 稚苗・無加温育苗では，播種日を4月20日頃に設定し，育苗日数は18～20日以内とする．
② 播種量は乾籾で箱当たり130～150 g/箱とし，健苗育成につとめる．
③ 苗丈は伸びにくいので，出芽長は1 cm程度を確保し，緑化はコシヒカリより1日程度長めとし，苗丈が短くなり過ぎないよう注意する（表Ⅲ.5）．

表 Ⅲ.5　苗の生育指標（4月20日播種）

育苗日数(日)	出芽長(cm)	苗丈(cm)	第1葉鞘長(cm)	葉数(葉)	乾物重(mg/本)
18～20	1.0	12	3.5～4.0	2.0～2.2	12～14

（2）基肥，移植時期，栽植密度
① 基肥量は地域のコシヒカリの施肥量を基準とし，窒素成分で10 a当たり3 kg程度とする．砂質土壌や黒ボク土など地力の低い水田では1 kg程度多く施用し生育量の確保と栄養凋落を防止する（表Ⅲ.6）．
② 早植えは出穂期を早め，品質・食味を低下させやすいので，出穂期が7

(118)　Ⅲ. こしいぶき

月末となるよう，移植時期は5月10日頃とする（図 Ⅲ.19）．

③ 1株苗数は3～4本，栽植密度はm^{2}当たり21株（70株セット）を目安とし，初期生育の促進と茎数確保に努め，穂数を確保する（図 Ⅲ.20）．

表 Ⅲ.6　土壌別本田基肥量のめやす（kg / 10 a）

土壌	N	P$_2$O$_5$	K$_2$O
砂壌土	4	7	6
埴壌土	3	7	6
黒ボク土	4	7	6

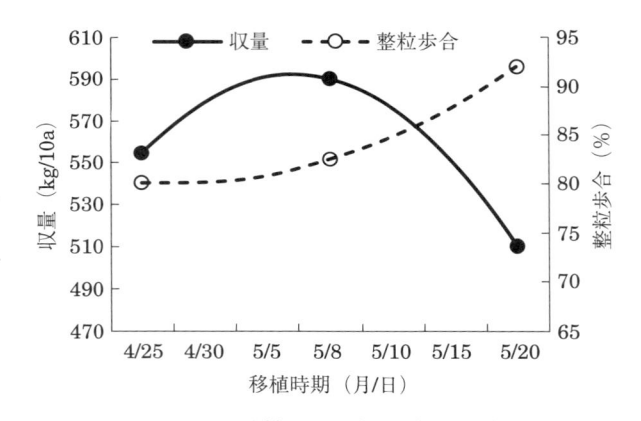

図 Ⅲ.19　移植時期と収量・整粒歩合の関係

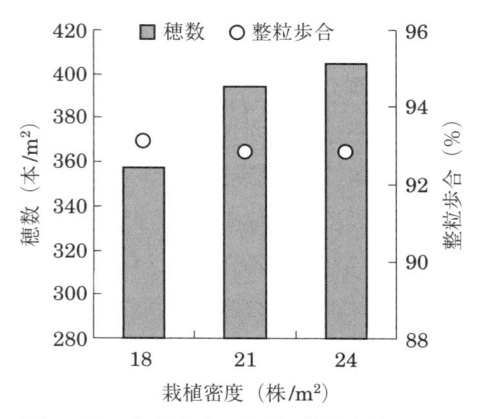

図 Ⅲ.20　栽植密度と穂数・整粒歩合の関係

（3）溝切り・中干しによる生育調節

① 中干しで生育調節し，稲体の健全化と登熟向上を図る．

② 中干しの効果的実施のため，溝切りは必ず行う．

③ 溝切りは目標穂数の80％確保で実施し，梅雨入り前に中干しを開始する．

④ 溝切りは，生育調節，秋作業の地耐力確保のためだけでなく，フェーンおよび秋の長雨等緊急時の対応のためにも必ず実施する．

（4）生育診断と穂肥

① 穂肥時期

　ア）穂肥は出穂前23日（1回目）と14日（2回目）の2回に分けて施用する（表Ⅲ.7）．

　イ）1回目の穂肥時期は，幼穂形成期（幼穂長1mm以上の茎が80％に達した時）であるので，幼穂を確認しながら，施用時期が遅れないよう注意する．

　ウ）出穂前10日以後の穂肥は食味を低下させるので行わない．

表 Ⅲ.7　穂肥施用のめやす

穂肥	1回目穂肥	2回目穂肥
穂肥時期	出穂前23日	出穂前14日
穂肥量	窒素成分 1 kg/10 a	窒素成分 1 kg/10 a

② 穂肥量

　ア）1回の穂肥量は窒素成分で10 a当たり1 kgとし，合計2 kg施用を基本とする（表Ⅲ.7，図Ⅲ.21）．

　イ）砂壌土などの地力の低いほ場では，1 kg程度多めに施用する．

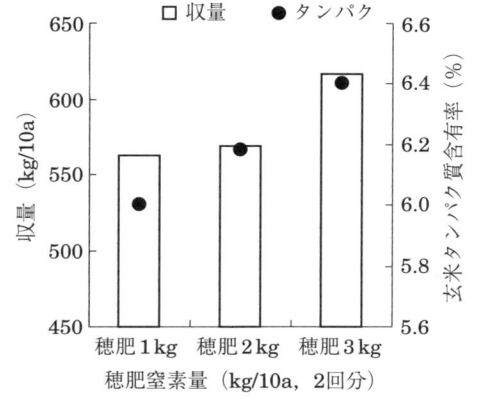

図 Ⅲ.21　穂肥窒素量と収量・玄米タンパク質含有率の関係

(5) 水管理

① 移植後はやや深水の保温的水管理とし，活着を早める．

② 活着後は浅水とし，分げつの発生を促し，良質茎の早期確保を図る．

③ 穂ばらみ期～出穂期

　ア）稲体は減数分裂期から出穂・開花期にかけて最も水を必要とする時期であるので，この期間に水が不足しないように注意する．中生種のコシヒカリにあわせた管理ではなく，早生種にあった水管理とする．

　イ）異常高温，強風，フェーン時には速やかに湛水し，稲体からの急激な蒸散防止につとめ，品質低下の防止を図る．

　ウ）7月中旬は時として低温に遭遇する．異常低温が予想される場合には，一時的に深水とし，幼穂を保護して不稔籾の発生防止につとめる．

④ 登熟期

　ア）出穂後は間断かん水とし，落水期は米粒にデンプンの70％が蓄積する出穂後25日以後とする．

　イ）早期落水すると下葉の枯上り，倒伏，登熟不良，未熟粒の発生を増加させ，減収のみならず品質低下を引き起こす．コンバイン収穫に支障のない地耐力が確保できる限り，落水時期は遅めとする．

(6) 病害虫防除

① いもち病

　ア）いもち病感染苗の本田持ち込みを防止するため，育苗期防除を行う．

　イ）いもち病抵抗性は中程度であるが，葉いもちの早期発見につとめ，早期防除する．

　ウ）穂いもちは発生予察情報に注意し，予防防除を原則とする．

② 紋枯病

　ア）稈長は中稈だが草姿は茎数がやや多く紋枯病が発生しやすいので注意する．

　イ）前年の多発ほ場や茎数が多い場合にはとくに発生に注意する．

ウ) 防除は穂ばらみ期から穂ぞろい期に防除する.
③ カメムシ防除
　ア) 雑草地などカメムシ類の多発生が予想される場所の近くでは栽培しない.
　イ) 農道・畦畔の草刈りを7月中旬まで行い,カメムシの増殖地をなくする.
　ウ) 主要加害種の種類は地域によって異なるので,加害種に応じた薬剤防除を行う.
　エ) オオトゲシラホシカメムシ防除は穂ぞろい期に1回,アカヒゲホソミドリカスミカメの場合には出穂5日および15日後の2回防除を基本とする.
　オ) 割れ籾はアカヒゲホソミドリカスミカメの加害を受けやすいので注意する.

(7) 適期収穫
① 収穫適期は,籾黄化90%,積算温度950〜1,000℃を目安とし,刈り遅れないよう注意する.
② 高温条件下の登熟の場合にはやや早めの刈り取りとし,胴割粒の発生を防止する.
③ 穂発芽性が易であるので,倒伏させない.
④ 生籾は水分が高いほど,また,温度が高いほど変質しやすいので,収穫後はなるべく早く乾燥機に入れて通風する.

(8) 整粒歩合の高い1等米への乾燥・調製
① 乾燥
　ア) 乾燥機の送風温度が高いほど食味が低下する.食味の低下を防ぐため,初期水分が高いほど低い温度で乾燥する.
　イ) 玄米水分が14%以下の過乾燥になると,胴割れ粒の発生を引き起こすだけでなく,食味を低下させるので注意する.
② 調製
　ア) 籾すりは脱ぷ率が80〜85%になるよう調節する.肌ずれは品質劣

(122)　Ⅲ．こしいぶき

　　化を早めるので注意する．

　イ）選別は，網目1.85 mm以上を使用し，整粒歩合85％以上（機器測定）の1等上位の高品質米に仕上げる．

7. 現地適応性と市場評価

（1）現地適応性（現地事例）

「こしいぶき」は2001年から一般栽培および流通販売を開始した．普及に当たっては，「コシヒカリ」と並ぶ新潟米の極良食味早生品種として既存早生品種と交代させていくこと，食味重視の栽培で品質の優れたコメを生産すること，作付面積を拡大して「コシヒカリ」の作付偏重を是正すること等を方針として掲げ，段階的に生産販売量を拡大しながら普及定着を目指すことと

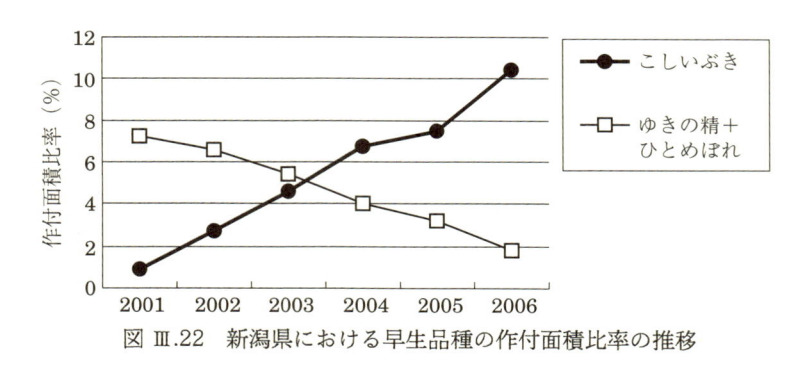

図Ⅲ.22　新潟県における早生品種の作付面積比率の推移

図Ⅲ.23　新潟県における品種別1等級比率の推移
　　　注）2006年は11月末日現在の成績である．

表 Ⅲ.8　こしいぶきの出穂期と出穂後の平均気温

地域	2001年			2006年		
	出穂期	平均気温（℃）		出穂期	平均気温（℃）	
		出穂後10日間	出穂後20日間		出穂後10日間	出穂後20日間
新潟	7月25日	27.9 (+1.2)	27.2 (+0.6)	7月31日	27.4 (+0.8)	28.4 (+1.8)
長岡	7月21日	27.8 (+2.2)	27.4 (+1.6)	7月30日	27.2 (+1.2)	27.9 (+2.0)
上越	7月20日	27.8 (+1.8)	27.5 (+1.2)	8月3日	27.2 (+0.8)	28.0 (+1.8)

注）1 出穂期は各地域の農業普及指導センターが設置している調査ほの成績である．
　　2 平均気温はアメダスデータである．

した．それ以降現在まで，「こしいぶき」は高品質米生産を実現しながら，作付面積を着実に拡大している（図Ⅲ.22）．

作付面積比率が伸びている背景には，高温障害に強い特性が生産者に評価されていることや，市場の評価が高まりつつあることが考えられる．

一般栽培を開始した2001年は，各品種とも1等級比率が低迷する中で，「こしいぶき」は高い1等級比率を確保した（図Ⅲ.23）．これは，県内各地で早生品種は出穂後10日間の平均気温が27℃を超える高温条件に遭遇したものの（表Ⅲ.8），「こしいぶき」は高温障害に強い特性を発揮したことや，一般栽培初年目から生産者登録制度を導入し，栽培指針に基づく高品質米生産を実践した成果であると考えられる．

2003年は冷害の影響で，2004年は水害と台風に伴う潮風害の影響でやや品質が低下したが，早生品種の1等級比率が低迷する中でも，「こしいぶき」は「コシヒカリ」並からそれ以上の品質を確保した．

2006年も高温障害に強い特性を発揮した年であった．早生および中生品種は出穂後の登熟前・中期に高温に遭遇し，「ゆきの精」や「ひとめぼれ」，そして「コシヒカリ」も1等級比率が前年を下回る中で，「こしいぶき」は前年を若干上回る好成績であった．

「こしいぶき」は一般栽培を開始して6年が経過した．その間，高温条件下において高い適応性を示すなど，その特性を十分発揮しており，「コシヒカリ」と並んで新潟米を代表する品種に成長しつつある．

(2) 市場評価

① 取り組み経過

こしいぶきは，平成12年産から販売を開始した．

初年度の平成12年産は，県内主要米穀卸売業者や販売店の協力のもと，店頭での試験販売を行った．また，県内・外の主要米穀卸売業者に対して，こしいぶき取扱説明会の実施，サンプル米の配布・試食などを通じ，銘柄の評価を得るとともに，次年産からのデビューに向けた認知度向上の取り組みを行った．

平成13年産から，本格的に販売を開始し，コシヒカリと並ぶ新潟米の基幹銘柄との位置づけのもと，良食味な早生品種としてPRを行いながら販売促進を進め，販売量は年々増加している（表Ⅲ.9）．

② 卸，小売店の評価

新潟県内では，ほとんどの量販店や米穀店で販売されており，食味の良さ，安定した品質（表Ⅲ.10），新潟米としては安価であることなどから，コシヒカリに並ぶ主要銘柄として評価されてきている．

現在では，量販店での主力商品が「コシヒカリ」から「こしいぶき」に変わってきており，販売量は順調に増加している．

表Ⅲ.9　こしいぶき年次別用途別流通　　（単位：トン）

用途	平12年産	13年産	14年産	15年産	16年産	17年産	18年産
主食用	48	4,553	12,350	14,664	23,033	28,708	27,414
カケ・原材料	0	53	456	3,433	1,504	1,309	2,589
計	48	4,606	12,806	18,097	24,537	30,017	30,002
取扱卸数	3	39	52	72	74	56	35

※ 全農にいがた販売数量（18年産は販売計画）

表Ⅲ.10　こしいぶき一等米比率　　（単位；％）

品種名	平13年産	14年産	15年産	16年産	17年産	18年産
こしいぶき	91	88	81	58	86	89
コシヒカリ	78	81	74	50	83	72

※ 全農にいがた集荷数量（加工用米除く）から算出

表 Ⅲ.11　こしいぶき価格推移（1等玄米）　　（単位；円/60 kg）

産地	品種名	平13年産	平14年産	15年産	16年産	17年産	18年産
新潟	こしいぶき	—	15,854	21,043	15,374	14,801	14,500
秋田	あきたこまち	16,686	16,248	20,788	15,646	14,942	14,620
宮城	ひとめぼれ	16,089	15,694	20,798	15,470	14,900	14,534

※ 価格は（財）全国米穀取引・価格形成センターが公表した落札加重平均価格
　18年産米は19年1月の第19回入札取引までの落札加重平均価格
※ 平15年産は不作のため価格が高騰

（全農新潟県本部米穀部）

　しかし，県外では，一部の量販店で取扱されているにすぎず，食味・品質の評価は高いものの，「あきたこまち」や「ひとめぼれ」等の他県産主力銘柄と価格の点で競合すること（表Ⅲ.11）や，「知名度」の点で劣ることなどが販売上の課題となっている．

③ **一般消費者の評価**

　平成18年に東京・大阪で600人の消費者を対象に実施したアンケート結果では，「こしいぶき」を食べたことがある（14％），あるいは，知っている人（18％）はそれぞれ2割未満となっており，まだまだ知名度が低いことが伺われる．

　しかし，試食後の感想では「家庭で食べているお米と比べておいしい」といった人が7割を超えており，食味に対する評価は上々である．

④ **販売拡大にむけて**

　近年，食の外部化（家庭内食から外食・中食へ移行）の進展や，消費者の購入動機が「産地銘柄」から「価格」へ変化してきている中，こしいぶきの販売を進めていくためには，家庭用に加え業務用途等幅広く販売先を拡大していく必要がある．

　また，県内においては，こしいぶきを置いていない小売店がないくらいに浸透しているが，県外では限られた店舗での取り扱いとなっているため，一層の宣伝・販売促進活動が必要となっている．

III. こしいぶき

参考文献

星 豊一 イネ新品種の開発戦略 北陸作物学会報 29：105-109 (1994).
斎藤正一ら 水稲新品種「あきたこまち」の育成について 秋田農試研報 29：65-87 (1989).
佐々木武彦ら 水稲新品種「ひとめぼれ」について 宮城古川農試報 2：1-17 (1993).
佐藤晨一ら 水稲新品種「山形 45 号」の育成 山形農試研報 26：1-17 (1992).
新潟県農林水産部 平成 11 年度稲作概況と課題 28-36 (2000).
佐藤晨一ら 水稲新品種「山形 35 号」の育成 山形農試研報 26：19-35 (1992).
新潟県農林水産部 異常気象による水稲被害の軌跡 平成 5 年度稲作概況と問題点 1-79 (1994).
新潟県農林水産部 干ばつ被害と対策 平成 6 年度稲作概況と問題点 1-62 (1995).
重山博信ら 新潟県における水稲品種の品質・食味の向上 第 16 報 水稲の高温水かんがいによる高温登熟性の検定 北陸作物学会報 34：21-23 (1999).
石崎和彦 水稲の高温登熟性に関する検定方法の評価と基準品種の選定 日本作物学会紀事 75：502-506 (2006).
崔 仁録ら 新潟県における水稲品種の品質・食味の向上 第 1 報 炊飯光沢による食味の簡易検定法の検討 北陸作物学会報 23：25-27 (1988).
東聡志ら 新潟県における水稲品種の品質・食味の向上 第 7 報 効率的食味選抜のための各種測定法の比較 北陸作物学会報 29：35-36 (1994).
星 豊一ら 新潟県における水稲品種の品質・食味の向上 第 9 報 雑種集団における個体レベルの味度値の測定法 北陸作物学会報 30：4-6 (1995).
中村恭子ら 新潟県における水稲品種の品質・食味の向上 第 10 報 個体レベルの味度値測定のための混合品種について 北陸作物学会報 31：13-15 (1996).
阿部聖一ら 食味関連測定装置を用いた水稲個体レベルの食味選抜法 北陸農業研究成果情報（北陸農業試験研究推進会議北陸農業試験場）14：3-4 (1998).
中村恭子ら 新潟県における水稲品種の品質・食味の向上 第 11 報 味度値選抜系統の次世代の食味特性 北陸作物学会報 32：8-10 (1997).
星 豊一ら 新しい選抜法による高温登熟性に優れた良食味水稲早生品種「こしいぶき」の育成 北陸作物学会報 39：1-4 (2004).
新潟県農林水産部 水稲早生新品種「こしいぶき」高品質・極良食味栽培指針 平成 13 年 3 月

資　　料

こしいぶき2005年度気象感応調査ほの画像とコシヒカリ2005年度気象感応調査ほの画像

作物研究センター　水稲気象感応生育調査の耕種概要は以下のとおり．
育苗様式：稚苗，乾籾140 g/箱
播種期：4月23日，加温出芽
移植期：5月12日，19.6株/m^2，1株4本植
施肥量：(窒素kg/10 a) 基肥3，穂肥1×2
穂肥時期(出穂前日数)は，
こしいぶき：-28，-17日，コシヒカリ：-18，-10日．

こしいぶき6月10日 　　　　　コシヒカリ6月10日

こしいぶき6月15日 　　　　　コシヒカリ6月15日

Ⅲ. こしいぶき

こしいぶき 6 月 21 日    コシヒカリ 6 月 21 日

こしいぶき 6 月 25 日    コシヒカリ 6 月 25 日

こしいぶき 6 月 30 日    コシヒカリ 6 月 30 日

資料 (129)

こしいぶき 7月20日 　　　コシヒカリ 7月20日

こしいぶき 8月1日 　　　コシヒカリ 8月1日

こしいぶき 8月13日 　　　コシヒカリ 8月13日

Ⅲ. こしいぶき

こしいぶき 8 月 21 日

コシヒカリ 8 月 21 日

こしいぶき 9 月 2 日

コシヒカリ 9 月 2 日

IV. てんたかく

1. 背　景

　コメをめぐる情勢は全国的な過剰基調，米価の低迷などきわめて厳しい情勢にあり，2004年から実施された米政策改革大綱に基づく新たな米政策においても，前年の需要実績に応じて生産目標数量が配分されるなど，今後，より一層の産地間競争の激化が予想される．

　一方，1999〜2002年まで続いた連年の猛暑，2003年の低温，日照不足など，近年の気象変動はきわめて激しく，「ハナエチゼン」や「ひとめぼれ」などの早生のみならず，富山県で約85％作付けされている中生の「コシヒカリ」においても品質が低下し，良質米主産県としての地位を揺るがしかねない状況になっている．また，「コシヒカリ」への作付け偏重が品質低下被害を助長する一要因ではないかとの指摘もあり，今後，良質米主産県として産地間競争に打ち勝っていくためには，気象変動に強く高品質，かつ良食味であり，作付けが集中している「コシヒカリ」との作期分散が可能な，富山県オリジナルの早生品種の育成を行うことが喫緊の課題であった．

　このような背景のもと，過去に生産力検定試験に供試された複数の品種の中から，品質が優れ倒伏やいもち病に強いなどの特性を持つ「越南146号」（後の「ハナエチゼン」，堀内ら1992）と，良食味の「東北143号」（後の「ひとめぼれ」，佐々木ら1994）に注目して両品種の交配を行い，その後代から両品種の優れた特徴を併せ持った品種の開発を試みた．

2. 育成経過

　「てんたかく」は，1992年に品質が優れ栽培しやすい「越南146号」を母，食味が良い「東北143号」を父として人工交配を行い，とくに高温条件下での高品質，さらには良食味，多収性を重視して選抜を行ってきた品種である（図IV.1）．

(132)　IV. てんたかく

```
てんたかく ─┬─ 越南146号 ─┬─ 越南122号 ─┬─ 西海109号
           │              │            └─ ホウネンワセ
           │              └─ フクヒカリ ─┬─ コシヒカリ
           │                            └─ フクニシキ
           └─ 東北143号 ─┬─ コシヒカリ ─┬─ 農林22号
                        │              └─ 農林1号
                        └─ 初星 ───────┬─ コシヒカリ
                                      └─ 喜峰
```

図 IV.1　「てんたかく」の系譜

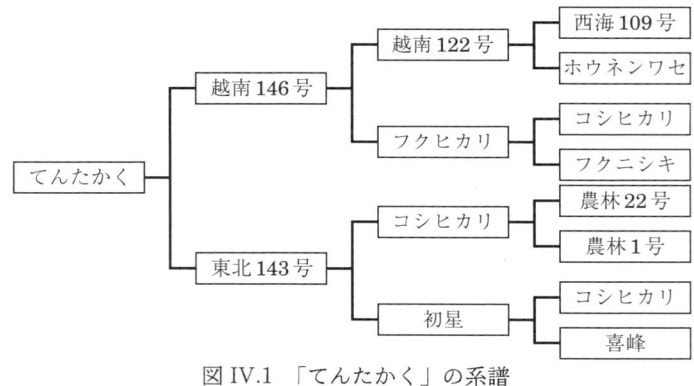

　F_2 から F_4 世代までは温室内で世代促進し，F5 世代に本田における初期選抜を行い，

　① 短稈で受光態勢が良く，耐倒伏性に優れること
　② 枯れ上がりが少なく，登熟後期まで稲体活力が高いこと
　③ 登熟の揃いが良く，弱勢穎果が少ないこと
　④ 玄米の外観が優れ，光沢があり，白未熟粒が少ないこと

を重視した選抜を行った．F6 世代以降は，トーヨー味度メーターによる炊飯光沢選抜，近赤外分析計によるタンパク含量の選抜を中心に系統選抜を行った．

　1998 年以降，優良と認められた系統に「と系 1073」の系統番号を付け，生産力検定を行ったところ，品質・食味および収量性が良好であったため，2000 年より「富山 57 号」の地方番号を付け，高温登熟性や耐冷性等の特性検定，奨励品種決定調査現地試験等による適応性の検討を行った．

　その結果，2002 年までの調査において，「富山 57 号」は高温登熟に強く，低温・日照不足でも安定した高品質系統であることが明らかとなった．また，水稲品種開発加速化事業，21 世紀とやま稲作活性化推進事業を活用した現地実証においても，収量性が高く品質が良好であり，搗精特性や食味などの市場性も高いことが確認された．そこで，2002 年 12 月に「てんたかく」を候補名として品種登録出願を行い，2003 年 12 月には富山県の奨励品種に

表 IV.1　特性の概要

品種名	草型	芒		ふ先芭	穎色	粒着密度	脱粒性	耐倒伏性	耐病性				穂発芽性	耐冷性
		多少	長短						紋枯病	真性抵抗性	葉いもち	穂いもち		
てんたかく	偏穂数	やや少	やや短	黄白-黄	黄白	やや疎	難	強	やや弱	*Pii, z*	強	強	難	中
ハナエチゼン	偏穂数	極少	短	黄白-黄	黄白	中	難	強	やや弱	*Pii, z*	強	打強	難	中
ひとめぼれ	偏穂数	少	やや短	黄白-黄	黄白	中	難	中	やや弱	*Pii*	中	打強	難	強
コシヒカリ	中間	少	やや短	黄白-黄	黄白	中	難	弱	中	+	弱	弱	難	−

注) 1999〜2003年の5ヵ年平均より算出したものである.

採用された.

3．品種特性の概要

（1）草型

稈長は「ハナエチゼン」並かやや長く，稈質がしなやかで耐倒伏性に優れ，「ひとめぼれ」「コシヒカリ」と比べ，耐倒伏性は明らかに強い.

草型は「偏穂数」であり，「ハナエチゼン」と比べ穂数がやや多い．穂長はやや長く，着粒密度は「やや疎」である．芒はやや少なく，穎色，ふ先色は黄白，脱粒性は「難」である（表 IV.1，図 IV.2）.

（2）早晩生（出穂期・成熟期）

「てんたかく」は，出穂期および成熟期が「ハナエチゼン」より2日程度遅く，「ひとめぼれ」より4日程度早い，早生品種である．「コシヒカリ」よりも成熟期で13日程度早く，収穫期の作業分散を図ることができる（表 IV.2）.

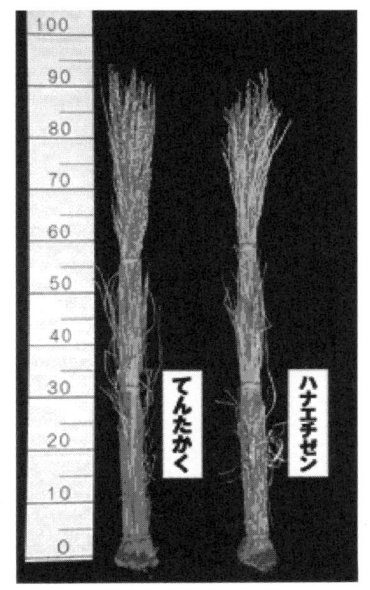

図 IV.2　「てんたかく」の草姿

Ⅳ. てんたかく

表 Ⅳ.2　奨励品種決定調査の概要（1998〜2003 年）

品種名	出穂期 月/日	成熟期 月/日	稈長 (cm)	穂長 (cm)	穂数 (本/m^2)	全重 (kg/a)	障害[1]	
							倒伏程度	紋枯病
てんたかく	7/18	8/23	69.3	19.0	460	135	0.0	0.7
ハナエチゼン	7/16	8/21	69.8	17.6	445	130	0.3	0.5
ひとめぼれ	7/21	8/27	73.6	18.4	449	132	1.1	0.6
コシヒカリ	7/28	9/5	82.8	18.7	405	148	2.1	0.9

品種名	精玄米重[2] (kg/a)	同左比[3] (%)	千粒重 (g)	玄米品質[4]	整粒比率[5] (%)	食味官能値	搗精歩留 90 % における特性	
							精米白度	蛋白含有率 (%)
てんたかく	53.7	102	21.8	3.1	85.9	-0.18	39.7	5.6
ハナエチゼン	52.6	100	22.4	3.8	82.1	-0.26	39.7	5.9
ひとめぼれ	55.6	106	22.4	4.7	73.6	-0.10	39.4	5.4
コシヒカリ	54.6	110	22.4	4.7	74.0	-0.05	40.9	5.5

[1] 障害は 0（無）〜5（甚）で達観調査した．
[2] 1998〜2002 年は 1.85 mm，2000 年は 1.90 mm の篩い目を使用した．
[3] ハナエチゼンを基準として示した．
[4] 品質は 1（上上）〜9（下下）で達観調査結果を示した．
[5] 1998〜2000 年はケット RN-50，2001〜2003 年は肉眼での測定結果を示した．

（3）　収量性および玄米品質

千粒重は，「ハナエチゼン」よりも 0.6 g 程度小さいが，穂数が多く，収量性は「ハナエチゼン」並に高い．

品質については，整粒比率が「ハナエチゼン」以上に安定して高く，玄米の外観品質はきわめて良い．とくに，登熟期における茎葉や枝梗の枯れ上がりが少なく，登熟前期から中期の高温で発生が助長される（長戸・江幡 1965，表野ら 2003 a，表野ら 2004），基白・背白粒の発生の少ないことが，大きな特徴である（表 Ⅳ.3，図 Ⅳ.3）．

（4）　食味および食味関連形質

精米タンパク質含有率が「ハナエチゼン」よりも低く，炊飯米の粘りが強いことから，食味官能値は明らかに優れる．また，作期および施肥条件の異

表 IV.3　品質調査結果

	整粒	白未熟粒					その他
		基白	背白	腹白	乳白	心白	
てんたかく	87.0	2.1	1.8	0.3	0.0	0.3	8.5
ハナエチゼン	79.9	4.0	2.7	1.4	1.8	2.0	9.5
ひとめぼれ	69.9	12.6	4.1	0.4	1.3	0.3	11.3
コシヒカリ	70.7	7.6	1.9	1.5	3.8	0.6	13.6

注) 2001〜2003 年に 1 試験区につき 200 粒ずつ肉眼で調査した.

図 IV.3　「てんたかく」の玄米
左:てんたかく,　右:ハナエチゼン

なる食味比較においても,明らかに「ハナエチゼン」より優れている(図 IV.4).

　白度は,玄米白度・精米白度ともに「ハナエチゼン」並に高く,「ひとめぼれ」のような多肥栽培に伴う白度の低下が少ない(表 IV.2).

(5)　耐病性,障害抵抗性

　いもち病抵抗性は Pii, Piz を持つと推定され,葉いもち抵抗性は「ハナエチゼン」並の「強」,穂いもち抵抗性は「ハナエチゼン」の「やや強」より優れる「強」である(表 IV.1)

　紋枯病は「ハナエチゼン」並の「やや弱」であり,多肥条件では穂数が多くなり,紋枯病がやや発生しやすい傾向にある.

　穂発芽性は「コシヒカリ」と同程度の「やや難」である(表 IV.1).

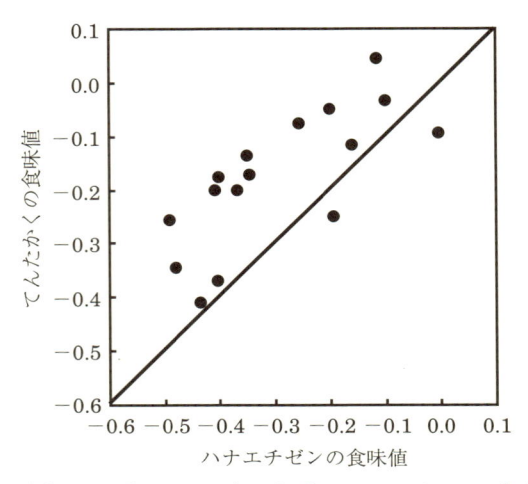

図 IV.4 「てんたかく」と「ハナエチゼン」の食味
注）1998～2003 年に，作期および施肥条件を変えて作付けした場合の同一栽培条件での食味官能値．比較基準米には「コシヒカリ」を用いた．

図 IV.5 ビニール被覆による高昼温処理

図 IV.6 人工気象室での高夜温処理

4. 高温登熟および日照不足に対する耐性

一般的に遭遇する気象条件より，さらに過酷な条件を人工的に設定し，「てんたかく」の登熟性を検定した．

（1） 高昼温における登熟性検定

2000〜2003年の4カ年，出穂期から成熟期にかけて，穂首節から上を透過率95％のビニールで覆い，昼間の気温を高める処理を行った（図IV.5）．

ビニール被覆を行った試験区（高昼温区）の穂の高さにおける昼間の気温は，ビニール被覆を行わなかった対照区よりも複数年の平均値で2.0℃高まった．その一方，昼間の地温と，夜間の温度や地温には両試験区間で有意な差は認められなかった．

玄米品質調査の結果，「てんたかく」は「ハナエチゼン」や「ひとめぼれ」と比べて白未熟粒の発生，とくに基白粒・背白粒の発生程度が少なかった（表IV.4）．

（2） 高夜温における登熟性検定

2001〜2003年の3カ年，4月下旬に1株4本植えで稚苗移植した株を6月上旬に圃場から1/5000aのワグネルポットへ株あげして水槽に入れ，人工気象室で出穂期から成熟期にかけて，20時から翌朝6時までの夜間の気温を高める処理を行った（図IV.6）．

処理期間中の測定温度を表IV.5に示す．夜間の気温を高めた試験区（高夜温区）は，対照区と比較して，複数年の平均値で3.0℃高く25.1℃となった．その一方，両試験区間において，昼間の気温と，水温には有意な差は認められなかった．

玄米品質調査の結果，高夜温区においては，「てんたかく」と「ひとめぼれ」では基白粒・背白粒，「ハナエチゼン」は心白粒の発生率が高まった．しかし，「てんたかく」は，「ハナエチゼン」や「ひとめぼれ」と比べて白未熟の発生率がきわめて少なかった（表野ら2003a，表野ら2003b）．

（3） 低日射量下での登熟性検定

2002年，2003年の2カ年，出穂期から成熟期にかけて寒冷紗による遮光

Ⅳ．てんたかく

表 Ⅳ.4　高昼温における登熟性検定結果

試験年度	試験区	系統名または品種名	昼間 気温(℃)	昼間 地温(℃)	夜間 気温(℃)	夜間 地温(℃)	整粒歩合(%)	基白・背白	乳白	心白	腹白	合計	その他障害粒
2000	高昼温	富山57号	32.3	26.0	25.3	26.1	80.2	7.5	0.8	4.0	5.0	17.3	2.5
		(比)ハナエチゼン					66.9	20.3	2.8	1.8	4.7	29.6	3.5
		(比)ひとめぼれ					50.4	31.2	3.2	6.0	5.0	45.4	4.2
	対照	富山57号	31.3	25.1	24.1	25.4	88.0	8.0	0.3	0.5	0.5	9.3	2.7
		(比)ハナエチゼン					81.3	12.0	0.2	1.0	2.0	15.2	3.5
		(比)ひとめぼれ					65.6	28.5	0.3	2.8	1.0	32.6	1.8
2001	高昼温	富山57号	31.5	25.2	23.8	25.4	75.9	5.8	6.0	8.0	2.0	21.8	2.3
		(比)ハナエチゼン					63.9	19.0	2.8	9.0	3.5	34.3	1.8
		(比)ひとめぼれ					50.6	16.0	13.0	14.3	2.3	45.6	3.8
	対照	富山57号	30.8	25.1	23.6	25.2	94.3	2.5	0.8	0.3	0.3	3.9	1.8
		(比)ハナエチゼン					87.4	4.8	0.0	4.0	1.5	10.3	2.3
		(比)ひとめぼれ					59.9	32.5	1.8	0.8	0.5	35.6	4.5
2002	高昼温	富山57号	34.1	25.6	23.0	25.7	38.0	3.0	25.5	26.0	4.5	59.0	3.0
		(比)ハナエチゼン					34.5	13.0	18.0	29.5	3.5	64.0	1.5
		(比)ひとめぼれ					24.5	11.0	42.0	16.5	3.5	73.0	2.5
	対照	富山57号	31.1	26.2	23.7	26.4	92.0	1.5	0.0	4.5	0.5	6.5	1.5
		(比)ハナエチゼン					82.0	12.0	0.5	2.5	2.5	17.5	0.5
		(比)ひとめぼれ					55.0	41.0	2.5	0.5	0.5	44.5	0.5
2003	高昼温	てんたかく	32.0	22.2	23.5	23.4	85.0	0.0	0.5	9.0	2.0	11.5	3.5
		(比)ハナエチゼン					76.0	0.0	3.5	10.5	4.5	18.5	5.5
		(比)ひとめぼれ					51.5	7.5	22.0	6.0	1.5	37.0	11.5
	対照	てんたかく	28.9	22.4	23.6	23.7	97.0	0.0	0.0	1.0	0.0	1.0	2.0
		(比)ハナエチゼン					93.0	1.0	0.5	1.5	0.0	3.0	4.0
		(比)ひとめぼれ					91.0	3.5	1.0	0.0	0.0	4.5	4.5
平均	高昼温	てんたかく	32.5*	24.8	23.9	25.2	69.8	4.1	8.2	11.8	3.4	27.4	2.8
		(比)ハナエチゼン					60.3*	13.1*	6.8	12.7	4.1	36.6*	3.1
		(比)ひとめぼれ					44.3**	16.4*	20.1*	10.7	3.1	50.3**	5.5
	対照	てんたかく	30.5	24.7	23.8	25.2	92.8	3.0	0.3	1.6	0.3	5.2	2.0
		(比)ハナエチゼン					85.9*	7.5	0.3	2.3	1.5	11.5*	2.6
		(比)ひとめぼれ					67.9*	26.4*	1.4	1.0	0.5	29.3*	2.8

注1) 昼間の温度は10～16時の平均，夜間の温度は20～翌朝6時の平均とした．
注2) 気温・地温に関する平均欄の*は，5％水準で対照区と有意差があることを示す(対応のあるt検定)．
注3) 品質に関する平均欄の**，*は，それぞれ1％，5％水準で「てんたかく」と有意差があることを示す(対応のあるt検定)．

4. 高温登熟および日照不足に対する耐性

表 IV.5　高夜温における登熟性検定結果

試験年度	試験区	系統名または品種名	気温 昼間 (℃)	気温 夜間 (℃)	水温 (℃)	整粒歩合 (%)	自未熟粒率 (%) 基白・背白	乳白	心白	腹白	合計	その他障害粒
2001	高昼温	富山57号				83.3	12.8	0.5	2.3	0.3	15.8	1.0
		(比) ハナエチゼン	32.8	24.9	25.1	73.3	13.0	0.5	10.8	1.0	25.3	1.5
		(比) ひとめぼれ				46.8	46.5	0.8	1.3	0.3	48.8	4.5
	対照	富山57号				97.3	2.0	0.0	0.0	0.0	2.0	0.8
		(比) ハナエチゼン	31.8	22.1	25.0	94.0	1.8	0.0	3.8	0.3	5.8	0.3
		(比) ひとめぼれ				61.5	34.8	0.0	0.5	0.0	35.3	3.3
2002	高昼温	富山57号				78.3	20.7	0.0	0.0	0.0	20.7	1.1
		(比) ハナエチゼン	31.3	24.9	25.0	63.2	32.9	0.2	1.7	2.0	36.8	0.0
		(比) ひとめぼれ				5.7	88.6	4.7	0.6	0.4	94.3	0.0
	対照	富山57号				97.2	2.4	0.0	0.0	0.0	2.4	0.4
		(比) ハナエチゼン	31.3	21.8	25.0	94.1	2.0	0.0	1.7	0.8	4.5	1.4
		(比) ひとめぼれ				81.9	16.1	1.7	0.4	0.0	18.1	0.0
2003	高昼温	富山57号				88.7	10.3	0.7	0.3	0.0	11.3	0.0
		(比) ハナエチゼン	30.9	25.4	26.4	76.3	18.7	2.3	0.3	2.3	23.7	0.0
		(比) ひとめぼれ				28.0	64.3	4.7	0.0	0.7	69.7	2.3
	対照	富山57号				96.5	0.5	0.0	1.0	0.0	2.5	1.0
		(比) ハナエチゼン	27.6	22.5	23.0	96.0	0.5	0.0	0.0	1.0	1.5	2.5
		(比) ひとめぼれ				85.0	13.0	0.0	0.0	0.5	14.0	1.0
平均	高昼温	てんたかく				83.4	14.6	0.4	0.9	0.1	15.9	0.7
		(比) ハナエチゼン	31.7	25.1	25.5	70.9	21.5	1.0	4.3	1.8	28.6	0.5
		(比) ひとめぼれ				26.8	66.5*	3.4	0.6	0.4	70.9*	2.3
	対照	てんたかく				97.0	1.6	0.0	0.3	0.3	2.3	0.7
		(比) ハナエチゼン	30.2	22.1*	24.3	94.7*	1.4	0.0	1.8*	0.7	3.9*	1.4
		(比) ひとめぼれ				76.1*	21.3**	0.7	0.3	0.2	22.5**	1.4

注1) 昼間の温度は10〜16時の平均，夜間の温度は20〜翌朝6時の平均とした．
注2) 気温・地温に関する平均欄の * は，5％水準で対照区と有意差があることを示す（対応のあるt検定）．
注3) 品質に関する平均欄の **，* は，それぞれ1％，5％水準で「てんたかく」と有意差があることを示す（対応のあるt検定）．

処理を行い，低日射条件での登熟性の検定を行った（図 IV.7）．遮光には，1993年程度の低日射を想定し，遮光率35.2％の寒冷紗を用いた．また，遮光期間については，2002年は高温年であったため登熟全期間（7/24〜8/30）とし，2003年は低寡照年であったため登熟中期（8/4〜8/14）と短期間にした．

玄米品質調査の結果，いずれの品種においても遮光処理により乳白粒・青

(140)　Ⅳ. てんたかく

図 Ⅳ.7　寒冷紗を利用した遮光処理

表 Ⅳ.6　低日射量下での登熟性検定結果

試験年度	平均気温 7月(℃)	平均気温 8月(℃)	日射時間 7月(h)	日射時間 8月(h)	試験区		品種名	整粒歩合(%)	未熟粒率(%) 基白・背白	乳白	心白・腹白	青未熟	合計	その他障害粒
2002	26.4 (+1.7)	27.2 (+1.1)	170.1 (106)	207.1 (106)	遮光	(比)(比)	富山57号 ハナエチゼン ひとめぼれ	88.7 83.7 76.3	2.5 1.3 10.7	3.5 6.0 7.3	1.3 4.0 1.3	4.0 5.0 4.3	11.3 16.3 23.7	7.8 5.7 7.7
					対照	(比)(比)	富山57号 ハナエチゼン ひとめぼれ	94.3 84.7 68.8	3.8 7.0 20.3	0.7 0.3 6.5	0.7 5.3 1.3	0.5 2.7 3.0	5.7 15.3 31.2	7.0 3.3 6.0
2003	22.5 (-2.2)	25.6 (-0.6)	65.4 (41)	144.2 (74)	遮光	(比)(比)	てんたかく ハナエチゼン ひとめぼれ	94.5 89.5 83.5	0.5 1.0 2.5	3.0 5.5 3.5	0.0 2.5 1.0	2.0 1.5 9.51	5.5 10.5 16.5	3.0 4.0 3.0
					対照	(比)(比)	てんたかく ハナエチゼン ひとめぼれ	97.5 96.5 90.3	0.5 1.5 1.8	0.3 0.3 1.5	0.0 0.5 0.5	1.8 1.3 6.0	2.5 3.5 9.8	3.5 5.0 3.0

注1) 平均気温と日照時間は，富山地方気象台データ．（ ）内はそれぞれ平年差，平年比を示す．
注2) 遮光期間は，2002年は登熟全期間（7/24～8/30），2003年は登熟後期（8/4～8/14）とした．

未熟粒が増加した．また，統計的有意差はないものの，「てんたかく」は，「ハナエチゼン」に比べ乳白粒の発生が少なく，「ひとめぼれ」と比べ青未熟粒の発生が少ない傾向が認められた（表Ⅳ.6）．

以上の検定結果から，「てんたかく」は「ハナエチゼン」「ひとめぼれ」と比べて，高温条件で発生する基白粒，背白粒や，日照不足で多発する乳白粒

など，白未熟粒の発生が明らかに少なく，気象変動下においても品質が安定して良いことが確認された．

参 考 文 献

堀内久満ら（1992）水稲新品種の記載［X］．福井県農業試験場報告．29：1-33．

長戸一雄・江幡守衛（1965）登熟期の高温が頴果の発育ならびに米質におよぼす影響．日作紀．34：59-66．

表野元保ら（2003 a）2001年の気象経過に基づく基白粒および背白粒の発生要因の解析．北陸作物学会報．38：15-17．

表野元保ら（2003 b）人工的高温条件下における水稲の登熟性検定法．北陸作物学会報．38：12-14．

表野元保ら（2005）人工的高温条件下における水稲の登熟性検定法 第2報．北陸作物学会報 40：24-27

佐々木武彦ら（1994）水稲新品種「ひとめぼれ」について．宮城古川農試報．2：1-17．

まとめ

　かれこれ 30 年になるが，私が大学院生の時に稲葉さん（現在茨城大学教授）が，ファイトトロンを使って，イネの高温障害の試験をしていた．当時，東北の太平洋沿岸は数年に一度は冷害に遭遇し，とても高温障害とは無縁だったように思う．故佐藤庚教授は，ファイトトロンの試験を盛力的に行っていて，私もダイズで温度関係の試験を行っていた．ファイトトロンは真夏にはなかなか正常に動かず，大変だった記憶がある．

　最近の地球の温暖化で，北陸地方もかなり高温の時がある．今までは適温だったが，コシヒカリの登熟適温がこの高温で高すぎていろいろの障害を引き起し始めた．また，アメリカではダイズについても高温耐性と花粉についての研究が始まっている．先日，NHK の温暖化のテレビ番組を見ていたら，その内本州ではリンゴができずにミカンになり，リンゴは北海道で作られるようになるとか…．これから，高温に対する植物への研究はますます大切になると思われる．今，九州で栽培しているいろいろの作物の品種の研究を関東周辺で始めなければならなくなるだろう．

　全体を読んでみて，それぞれの研究者が高温に対する研究をいろいろの角度からやっていることがわかった．とくに，個人的に興味を持ったのは，イネの籾の表面温度が品種によって違うということである．その原因が生理的にくるものか，構造的なものか，さらに籾の構成要素によるものか，がわかれば高温回避もなんらかの方法によってできるかもしれない．また，高温回避策がわかれば，逆に冷害回避策も将来解決するかもしれない．共通する部分がかなりたくさんあるような気がする．

　ファイトトロンの試験をしていて，いろいろの温度の組合せを行った．その結果，昼温は高くても夜温が低ければ，たとえば昼 30℃ で夜 20℃ とか，種子の登熟にはあまり問題がなかった．その意味で，いかに夜温を下げるかの方策を見つけなければならない．高温に強いイネ品種こしいぶきと「てんたかく」はできたが，基礎的な研究と同時に実際の栽培回避策を模索して，

できるだけ早く良い方法がみつけられればと思っている．この本を出版するにあたり，養賢堂の及川　清社長，編集顧問の池上　徹氏，編集に直接たずさわった佐藤武史氏等から多大の援助を得た．ここに各氏に対して深謝する次第である．

参　考　文　献

NHK 気候大異変 異常気象 ―地球シミュレータの警告
CSA NEWS Limited Variability in Soybean with High Temperature Tolerance Delays Development of Climate-Ready Crops. No.2 : 5-6. 2007

索　引

ア

アミラーゼ活性 …………………82
アミロース含量 …………………
　　　　　23, 82, 86, 88, 89
アミロース合成酵素遺伝子 ……82
アミロプラスト ………24, 77, 82
アミロペクチン構造変化 ………87
アミロペクチン合成・枝付け ……82
アミロペクチン分枝状側鎖 ……86
アルカリ崩壊度 …………………86
閾値 …………………………45, 84
育種 ………………… 15, 77, 104
育苗 ………………… 60, 117, 120
移植時期 ……… 2, 7, 10, 51, 52,
　　　　　　　　64, 83, 117
1次枝梗 …………………………49
1穂籾数 …………………56, 115
1等米比率 ………… 2, 47, 105
遺伝解析 …………………………21
遺伝資源 …………………………20
遺伝率 ………… 15, 16, 17, 18
植付本数 ……………… 60, 62
うわ根 ……………………………60
栄養凋落 …… 6, 11, 54, 71, 117
Mg/K ……………………………87
遅刈り ……………………… 6, 89
温水かけ流し …………19, 109

カ

開葯能力 …………………………33
化学成分 …………………………86
過剰生育 ……………………3, 11
花粉 …………………………32, 142
刈遅れ …………………………104
刈取り適期 ……………………16
間接選抜 …………………………22
乾燥調整 …………………………75
間断灌漑 …………………………60
乾田化 ………………………6, 65
官能試験 ………………………110
官能評価法 ……………………86
外観品質 ………… 1, 37, 48, 85,
　　　　　　　　107, 134
奇形粒 ……………………………72
基準品種 ……………………15, 20
基部 ………………… 24, 37, 38
QTL ………………………………22
強勢頴花 …………………………52
強勢粒 ……………………… 38, 40
亀裂 ………………… 60, 74, 75
グライ土 ……………… 69, 71, 73
経営規模 …………………………6
ケイ酸 ……………………………84
茎数 ………………… 10, 54, 84, 118
系統育種法 ………………18, 105

検査等級 …………………1, 18, 37
検定…………………15, 19, 108,
　　　　　　　　　112, 113, 137
現地適応性 ……………………122
玄米千粒重 ……………………33
耕盤………………………6, 60
高温感受性 ……………………1
高温遭遇時期 …………………50
高温耐性 ………15, 16, 20, 33
高温登熟性 …………13, 18, 42,
　　　　　　　　　　108, 132
光合成 ………4, 35, 44, 60, 83
光沢……………………17, 18, 107,
　　　　　　　　　110, 112, 132
高昼温 …………………………137
高夜温 ………………35, 42, 137
糊化特性 …………………87, 89
呼吸………………1, 35, 44, 82
糊粉層 ……………………24, 25
根域 ………………………66, 71
根系……12, 59, 60, 65, 68, 84
根圏……………………………6, 73
コンシステンシー ……………88
根数…………………60, 63, 69
根量…………………60, 72, 73

サ

最高粘度 ………………………88
栽植密度 ……………………54, 117
砕米 ……………………………74
作期分散 …………13, 108, 131

作土 ………………5, 12,, 65
作土層 ……………………5, 6, 12
市場評価 …………104, 122, 124
子房 ……………………………24
死米 …………………………38, 89
集団育種法 ……………………18
収量 …………………4, 6, 56, 66,
　　　　　71, 84, 107, 114, 134
珠心突起 ………………………24
珠心表皮 ………………………24
出液速度 ………………………47
出穂・成熟較差 ………………8
食味 …………………74, 83, 85, 110,
　　　　　　114, 117, 134, 135
食味総合評価 ……………113, 114
食味評価 ……85, 86, 87, 88, 110
白未熟粒 ………1, 15, 24, 37,
　　　　　42, 47, 73, 80, 132, 137
シンク-ソース比 …………67, 73
深耕 ………………6, 12, 60, 65
心白粒 ……………17, 22, 38, 137
弱勢頴花 ……………………52, 68
醸造用米 ………………………78
炊飯米 ……85, 86, 88, 110, 134
SPAD値 ……………57, 84, 116
背白粒 ………17, 18, 23, 38, 52,
　　　　　　54, 56, 73, 80, 134, 140
浅耕 …………………5, 6, 65, 66, 74
選抜 …………17, 18, 19, 22, 105,
　　　　108, 110, 112, 113, 131

全層施肥 ……………… 69, 71, 72, 73
遭遇時期 ……………… 37, 38, 40, 50
側条施肥 …………… 11, 68, 69, 71, 72
疎植栽培 …………………………… 11

タ

田植え時期 ………………… 47, 53, 59
炭水化物 …………… 34, 43, 80, 83
タンパク（含量・濃度）
　……… 45, 57, 58, 84, 85, 87,
　　　　　　　　　　107, 114, 132
タンパク質濃度 ……………………… 45
大区画圃場 ………………… 6, 8, 13
蓄積炭水化物 ……………………… 83
窒素栄養 ………………… 4, 11, 73
窒素施肥 …………………… 4, 71, 83
窒素濃度 ………………… 54, 71, 72
茶米 …………………………… 67, 72
直下根 ………………………… 63, 71
直播 ………………… 8, 9, 10, 13
地力 ……… 5, 8, 12, 59, 69, 71
粒揃 …………………………………… 18
T-R 比 ………………………… 61, 71
適正籾数 ……………………………… 10
テクスチャー ………………………… 88
転作 ………………………… 5, 65, 105
転送 ………………………………… 24, 83
転流 ………………………………… 24, 34
DNA マーカー ……………………… 22
デンプン合成 ……………………… 82
デンプン分解 ……………………… 82

デンプン粒 …… 25, 28, 29, 37, 77
等級低下 ……………………………… 2
登熟期間 ……………… 34, 43, 44
特性検定 …………… 19, 106, 132
胴割れ耐性 ………………………… 77
胴割粒 …………………… 6, 47, 48
土壌管理 ……………………… 5, 6

ナ

苗 ………… 8, 13, 60, 117, 137
中干し …………… 10, 30, 60, 119
2次枝梗 ………………… 43, 50, 52
日照不足 ………………… 52, 60, 137
乳白粒 …………………… 17, 43, 52,
　　　　　　　　　　73, 80, 85, 139
根 ………………… 6, 12, 59, 84

ハ

灰色低地土 ………………… 68, 71
胚乳 ……… 24, 37, 74, 77, 82
胚乳細胞 …………………… 27, 37
胚盤 …………………………………… 75
背部 ………………………………… 24, 38
白濁粒 ………………………… 15, 22
早刈り …………………………… 6, 104
腹白粒 ……… 15, 17, 22, 37, 38
播種量 ………………… 10, 61, 117
被害粒 ………………… 1, 47, 74, 75
肥効 …………… 11, 45, 67, 68, 85
肥効調節型肥料 ……………… 11, 45
表面温度 ……………………… 47, 142
品種間差 ……… 16, 19, 28, 46,

	47, 77, 85
品種特性	106, 133
ビーカー法	110
フェーン現象	1, 28, 29, 30, 52
富栄養化	9
不完全粒	1, 8, 13
腹部	27, 38
不稔	15, 31, 32, 33, 42, 120
物理特性	86
ブレークダウン	88
分げつ	2, 10, 54, 58, 61, 67, 69, 72, 84, 120
プラスチド	25
飽差	9, 59
穂肥	4, 11, 56, 57, 58, 68, 84, 119
穂上位置	49, 52
膨潤崩壊性	86

マ

実肥	4, 45
溝切り	10, 119
味度メーター	110, 112, 132
無機化窒素	3
基肥	4, 11, 68, 117
基白粒	17, 23, 49, 52, 54, 80

籾含水率	75, 79
籾数過剰	2, 3, 9, 10
籾数過多	3
籾数抑制	10

ヤ

葯	15, 32, 33
葯の開裂	33
有機物	5, 12, 60
有効茎歩合	61, 67, 71
有効土層	6, 66, 67
遊離アミノ酸	87
葉色	4, 47, 53, 56, 58, 62, 79, 84, 116
葉齢	61

ラ

落水	6, 12, 60, 76, 79, 83, 120
ラグ期	61
理化学評価法	86
粒径	37, 40
粒厚	24, 77, 89
粒重	17, 37, 40, 43, 77, 89
量的形質遺伝子座	22

ワ

早生品種	1, 16, 86, 104, 122, 124, 131, 133

JCLS 〈㈱日本著作出版権管理システム委託出版物〉	
2007	2007年8月27日 第1版発行

高温障害に強いイネ

著者との申し合せにより検印省略

© 著作権所有

編 著 者	日本作物学会北陸支部 北陸育種談話会
発 行 者	株式会社 養賢堂 代表者 及川 清
印 刷 者	株式会社 真興社 責任者 福田真太郎

定価 2520円
(本体 2400円)
(税 5％)

発行所　〒113-0033 東京都文京区本郷5丁目30番15号
株式会社 **養賢堂**
TEL 東京 (03) 3814-0911　振替00120
FAX 東京 (03) 3812-2615　7-25700
URL http://www.yokendo.com/

ISBN978-4-8425-0424-7　C3061

PRINTED IN JAPAN　　　製本所　株式会社三水舎

本書の無断複写は、著作権法上での例外を除き、禁じられています。
本書は、㈱日本著作出版権管理システム (JCLS) への委託出版物です。
本書を複写される場合は、そのつど㈱日本著作出版権管理システム
(電話03-3817-5670、FAX 03-3815-8199) の許諾を得てください。